現数Lecture Vol. 3

微分方程式練習帳
例題と解法

吉田　信夫

まえがき

本書は,「微分方程式」に関する問題(主に大学入試問題)を集めた学習書です.

「微分方程式」は,2025 年現在,高校数学Ⅲの範囲には含まれていますが,扱いはほんの軽いものです.しかし,東京大学をはじめとする超難関大や,各大学の医学部などでは,出題範囲に工夫しながら「微分方程式」を背景にもつ問題が多く出題されます.

本書の第 1 の目的は,そのような現状を踏まえて,東大・京大・医学部などを目指す受験生のために,微分方程式をしっかりと学ぶ素材を提供することです.微分方程式を知ることで,数学Ⅲ全般の理解が深まるはずです.

本書の第 2 の目的は,受験生時代に微分方程式を詳しく学んでいない大学 1 年生に,基本的な微分方程式の知識を身につけてもらうための参考書を提供することです.受験勉強としてのみ数学を学んできた大学 1 年生にとって,大学で学ぶ「微分方程式論」は,非常に取っつきにくいものでしょう.また,物理や化学などでも「微分方程式」が登場して,驚くこともあるに違いありません.大学の先生は,おそらく「当然,これくらいは分かっているだろう」と考えておられるから,仕方ないことです.

本書の第 3 の目的は,微分方程式に興味をもっている大人に,大学で学ぶ抽象的な「微分方程式論」ではなく,受験数学参考書の形式の比較的取っつきやすいものを提供することです.

いずれの目的であっても,しっかりと微分方程式の練習をしていただけると思います.

また,補講では,曲線の長さの理論確認と,それにまつわる興味深い話題をいくつか挙げています.合わせて,"離散的な世界における微分方程式"とも言える数列の"漸化式"と,微分方程式の対比をしています.

これらを通じて数学の奥深さの一端を感じてもらえたら幸いです.

※本書は 2010 年発行の「大学入試での微分方程式練習帳」の増補版です.
 表現を改め,いくつか問題を増やし,最後に漸化式との対応の話を追加しました.

吉田　信夫

本書の構成と使用上の注意

「I. 微分方程式の理論」では，微分方程式を初めて見る人でも大丈夫なように理論解説しています．堅苦しい理論解説にはせず，**例題**を挙げて，その解答＆解説によって理論や解法，考え方を説明しています．

「II. 問題編」では，

    1．基本計算   2．論証系   3．グラフ系   4．物理量系

に大別して出題しています．「理論編」と照らし合わせながら解いてみてください．計算が面倒な問題や，解答の構成が複雑な問題も含まれています．

「III. 解答編」では，「II. 問題編」の丁寧な解答を掲載しています．数学IIIは，高校数学と大学数学の狭間のような分野なので，論証が厄介なものが多くあります．注意点や補足も挙げていますので，その部分は特に熟読してください．

「IV. 補講」は，まず，"曲線の長さ(弧長)"について

    1．理論   2．問題   3．解答

の順で確認しています．微分方程式と同様に，**例題**による理論解説の後，問題を出題し，解答を挙げています．それほど難しくありませんので，しっかりと身につけてください．

さらに，"曲線と微分方程式"で，それまでに登場した曲線達のうち，特に興味深いものについて解説しています．「微分方程式と弧長の融合など，高校数学でここまでやるか？」という内容も含まれていますので，読み応えはあると思います．

そして最後に"漸化式と微分方程式"という離散と連続をつなぐ話をしています．

記号：

    ∀○，■ … 任意の○に対して■が成り立つ，すべての○で■が成り立つ

    ∃○，■ … ■を満たす○が存在する，ある○で■が成り立つ

    i.e. … すなわち，つまり

    $\mathbb{R}$ … 実数全体の集合 ($a \in \mathbb{R}$…a は実数)

    $\mathbb{C}$ … 複素数全体の集合

    $[a, b]$ … 閉区間 $a \leqq x \leqq b$

    (a, b) … 開区間 $a < x < b$

ここで,「任意」と「すべて」は意味が違いますので,注意が必要です.

例えば「任意の実数 x」というと,「x は何かは定まっていないが何か1個をとって来て固定している」ということです.「任意の実数 x について $x^2-1=(x+1)(x-1)$ が成り立つ」ので,あらゆる任意を積み上げて,「すべての実数 x について $x^2-1=(x+1)(x-1)$ が成り立つ」と言えます.また,すべてで成り立つのであれば,何を固定しても成り立つとも言えます.「〜成り立つ」が添えられていたら,任意もすべてもほぼ同じと思えます.

しかし,次の例はどうでしょう?

コインを10回投げます.任意の k ($1 \leqq k \leqq 10$) について,k 回目に表が出る確率は 0.5 です.だから,すべての k ($1 \leqq k \leqq 10$) について k 回目に表が出る確率は 0.5^{10} です.「,」の有無にも注意が要るかも知れません.「任意」は,「固定したそれぞれに応じて答えが変わるかも知れないから,分類して答えましょう」という意味.「すべて」は,すべての任意が"かつ"で結ばれているという意味になっています.単数と複数の違いです.

別の例でも考えてみましょう.$A(\vec{a})$ を通り $\vec{d}$ と平行な直線 l 上の任意の点 $P(\vec{p})$ に対し,
$$\vec{p} = \vec{a} + t\vec{d} \quad \cdots\cdots \text{①}$$
を満たす実数 t が存在します.また,任意の実数 t に対して,①と表される点 $P(\vec{p})$ は直線 l 上にあります.よって,直線 l は,
$$\lceil \exists t \in \mathbb{R}, \ \vec{p} = \vec{a} + t\vec{d} \rfloor \quad \cdots\cdots \text{②}$$
で定まる点 $P(\vec{p})$ をすべて集めて得られる図形(②を満たす点 P 全体の集合)です.①をベクトル方程式と呼ぶことがありますが,本来は②をそう呼ぶべきであるかも知れません.

ここで,先ほどの例を思い出しましょう.命題「$\forall x \in \mathbb{R}, \ x^2-1=(x+1)(x-1)$」は真ですが,これは,実数 x についての条件 $x^2-1=(x+1)(x-1)$ がすべての実数 x で成り立つ,ということ.つまり,条件 $x^2-1=(x+1)(x-1)$ の真理集合が $\mathbb{R}$ と一致するということです.「$x^2-1=(x+1)(x-1)$」は条件で,「$\forall x \in \mathbb{R}, \ x^2-1=(x+1)(x-1)$」は命題です.ついでながら,「$\exists x \in \mathbb{R}, \ x^2-1=(x+1)(x-1)$」も命題です.

一方,「$x^2-1=(x+1)(x-1)$」を直に命題と見ることもできます.
- 2つの2次関数が一致する(関数の相等,恒等式)
- 2つの2次式が一致する(多項式の相等,係数が一致する)

という捉え方です.いずれも真です.

では,微分方程式の場合,どうでしょう?

例えば，簡単な例で，「$f'(x)=2x$, $f(0)=1$」を満たす関数 $f(x)$ を求めてみます．

1つ目は，関数 $f(x)$ についての条件「$\forall x \in \mathbb{R}$, $f'(x)=2x$」つまり，等号が "関数の相等" であるような条件「$f'(x)=2x$」です（"$\forall x \in \mathbb{R}$" を付けると，x についての条件ではない，ということが明確になります）．順に $f(x)$ に x, x^2, x^3 を代入すると，偽，真，偽です．

では，関数 $f(x)$ についての条件として

$$f'(x)=2x \iff f(x)=x^2+C \ (C \in \mathbb{R})$$

と言い換え可能でしょうか？しかし，$f(x)=x^2+C$ は $f(x)$ と C についての条件になっているようです．$f(x)$ に x^2+2 を代入し，C に 3 を代入したら「$x^2+2=x^2+3$」となり，偽です．両方を関数 $f(x)$ についての条件にしないといけません．正しくは，関数 $f(x)$ についての条件として

$$f'(x)=2x \iff \exists C \in \mathbb{R}, \ f(x)=x^2+C$$

です．ここから追加の条件 $f(0)=1$ を用いて $C=1$ を特定します．微分方程式のところだけを抜き出して，同値変形すると上のようになりますが，まとめて考えることもできます．

関数 $f(x)$ についての条件として

$$f'(x)=2x, \ f(0)=1 \iff (\exists C \in \mathbb{R}, \ f(x)=x^2+C) \text{ かつ } f(0)=1$$
$$\iff f(x)=x^2+1$$

です．条件「$f(x)=x^2+1$」に代入して真になる関数を求めると，x^2+1 です．

しかし，細かく書いていくとどうしても冗長になってしまうので，

・全体集合の明記として「関数 $f(x)$ についての条件として」と書くべき

・$\exists C$ が係る部分を明記して「$(\exists C \in \mathbb{R}, \ f(x)=x^2+C)$ かつ $f(0)=1$」と書くべき

・同値変形で終わらず，「よって $f(x)=x^2+1$ である」と書くべき

ところ，「微分方程式を解くと，

$$f'(x)=2x, \ f(0)=1 \iff \exists C \in \mathbb{R}, \ f(x)=x^2+C, \ f(0)=1$$
$$\iff f(x)=x^2+1$$

である」といった書き方をすることをお許しください．

以上，長くなりましたが，本書の書き方としてしっかり事前説明すべきと考え，書かせていただきました．他にも不適切な書き方がありましたら，ご指摘ください．

それでは，微分方程式の世界をお楽しみください．

目　　　次

Ⅰ．微分方程式の理論　　　　　　　　　9

Ⅱ．問題編　　　　　　　　　　　　　21
　　1．基本計算　　　　　　　　　22
　　2．論証系　　　　　　　　　　24
　　3．グラフ系　　　　　　　　　26
　　4．物理量系　　　　　　　　　30

Ⅲ．解答編　　　　　　　　　　　　　33
　　1．基本計算　　　　　　　　　34
　　2．論証系　　　　　　　　　　50
　　3．グラフ系　　　　　　　　　67
　　4．物理量系　　　　　　　　　82

Ⅳ．補講　　　　　　　　　　　　　　89
　　1．曲線の長さ〜理論〜　　　　90
　　2．曲線の長さ〜問題〜　　　　93
　　3．曲線の長さ〜解答〜　　　　94
　　4．曲線と微分方程式　　　　102
　　5．漸化式と微分方程式　　　114

Ⅰ. 微分方程式の理論

I. 微分方程式の理論

この章では，微分方程式の基本解法を確認しよう．問題を解きながら理論をみていくという形をとる．

例題 1.

関数
$$f(x) = 2\log(1+e^x) - x - \log 2$$
を考える．ただし，対数は自然対数であり，e は自然対数の底とする．

(1) $f(x)$ の第 2 次導関数を $f''(x)$ とする．等式
$$\log f''(x) = -f(x)$$
が成り立つことを示せ．

(2) 定積分 $\displaystyle\int_0^{\log 2} (x-\log 2)e^{-f(x)}\,dx$ を求めよ．

解答

(1) $f(x)$ を 2 回微分すると，
$$f'(x) = \frac{2e^x}{1+e^x} - 1 = \frac{-2}{1+e^x} + 1, \quad f''(x) = \frac{2e^x}{(1+e^x)^2} > 0$$

$\therefore \quad \log f''(x) = \log \dfrac{2e^x}{(1+e^x)^2} = -2\log(1+e^x) + x + \log 2$
$\qquad\qquad = -f(x)$

である．これで示された．

(2) (1) より，
$$f''(x) = e^{-f(x)}$$
であるから，部分積分により，

$\displaystyle\int_0^{\log 2} (x-\log 2)e^{-f(x)}\,dx = \int_0^{\log 2}(x-\log 2)f''(x)\,dx$
$= \Big[(x-\log 2)f'(x)\Big]_0^{\log 2} - \displaystyle\int_0^{\log 2} 1 \cdot f'(x)\,dx = \log 2 \cdot f'(0) - \Big[f(x)\Big]_0^{\log 2}$
$= -f(\log 2) + f(0) \quad \left(\because\ f'(0) = \dfrac{-2}{1+1} + 1 = 0\right)$
$= -(2\log 3 - \log 2 - \log 2) + (2\log 2 - 0 - \log 2) = 3\log 2 - 2\log 3$
$= \log \dfrac{8}{9}$

である．

$\qquad\qquad\qquad *\qquad\qquad\qquad\qquad *$

Ⅰ．微分方程式の理論

(1) で作ったような，導関数を含む関係式を「微分方程式」という．

本書では，「与えられた微分方程式からもとの関数を求める」という問題を主に扱うが，そこでは以下の関係を用いて議論する：

> 微分可能な関数 $f(x)$, $g(x)$ について以下（「恒等式＝微分＋代入」）が成り立つ：
>
> $f(x) = g(x)$ が任意の x について成り立つ
>
> $\Longleftrightarrow$ $f'(x) = g'(x)$ が任意の x について成り立ち，かつ，$f(a) = g(a)$ が ある $x = a$ で成り立つ

これは，"定積分を含む条件式の処理" というタイプの問題でも用いている：

> **例題** 2.
>
> 正の値をとる微分可能な関数 $f(x)$ が
> $$(x^2+1)f(x) - 1 = \int_0^x (t^2+4t+1)f(t)\,dt$$
> を満たすとする．$\dfrac{f'(x)}{f(x)}$ を x で表し，$f(x)$ を求めよ．

解答

条件式の両辺を微分し，さらに，$x = 0$ を代入することで，積分を消去すると，

$$(x^2+1)f(x) - 1 = \int_0^x (t^2+4t+1)f(t)\,dt$$
$\Longleftrightarrow \quad 2xf(x) + (x^2+1)f'(x) = (x^2+4x+1)f(x),\ f(0) - 1 = 0$
$\Longleftrightarrow \quad (x^2+1)f'(x) = (x^2+2x+1)f(x),\ f(0) = 1 \quad \cdots\cdots (*)$

である．$f(x) \neq 0$ であるから，$(*)$ の第1式の両辺を $(x^2+1)f(x)$ で割ることができて，

$$\frac{f'(x)}{f(x)} = \frac{x^2+2x+1}{x^2+1} \quad \cdots\cdots (\#)$$

である．両辺を x で積分すると，$f(x) > 0$ より，

$$\int \frac{f'(x)}{f(x)}\,dx = \int \frac{x^2+2x+1}{x^2+1}\,dx$$

$\therefore \quad \log f(x) = \int \left(\frac{2x}{x^2+1} + 1\right)dx = \log(x^2+1) + x + C \quad (C \in \mathbb{R})$

と表すことができる．ここで，$f(0) = 1$ より，

$$\log 1 = \log 1 + 0 + C \quad \therefore \quad C = 0$$

であり，
$$\log f(x) = \log(x^2+1) + x = \log e^x(x^2+1) \quad \therefore \quad f(x) = e^x(x^2+1)$$
である．

* *

「指示が無くても (#) を作れること」が微分方程式攻略の第一歩である．一般には，

$$f'(x) \times (f(x) \text{ の式}) = (x \text{ の式})$$

というように「$f(x)$ と x を左右に分離すること」を目指す．この形を作れたら，次に，積分を計算する (積分定数 C を含む)．さらに，ある x での $f(x)$ の値 ("初期条件" という) が分かっていれば，C を特定できる．

例えば，『$f'(x) = f(x)$』を満たす関数 $f(x)$ を求めてみよう：

$f(x) = 0$ は条件を満たす．

$f(x) \neq 0$ のとき，条件の両辺を $f(x)$ で割ることができ，

$$\frac{f'(x)}{f(x)} = 1 \iff \exists C \in \mathbb{R}, \quad \log|f(x)| = x + C = \log e^{x+C}$$

となる．微分可能性 (連続性) から，絶対値は場合分けなく "キレイ" に外れて，

$$f(x) = e^{x+C} \quad \text{または} \quad f(x) = -e^{x+C}$$

のいずれかになる．$f(x) = 0$ の場合もまとめて，

$$f(x) = Ae^x \quad (A = 0, \ e^C, \ -e^C)$$

である．例えば，「$f(0) = 2$」という初期条件があれば，$A = 2$ と分かり，$f(x) = 2e^x$ である．

* *

ここで，「$f(x) \neq 0$」や「$f(x) = 0$」というものが，"任意の x で" なのか "ある x で" なのかが曖昧であることに気付くだろうか？通常は，これを解決するために，『解の一意性』を仮定して考える：

関数 "$f(x) = 0$" は

「$f'(x) = f(x)$ かつ $f(0) = 0$」

を満たす関数である．この条件を満たす関数は他に存在しない．

いま，「$g'(x) = g(x)$」を満たす関数 $g(x)$ が，ある a で $g(a) = 0$ を満たすとしよう．すると，上記の $f(x)$ も同じ条件「$f'(x) = f(x)$ かつ $f(a) = 0$」を満たすので，$f(x)$ と $g(x)$ は関数として一致する．つまり，「$f'(x) = f(x)$」を満たす関数について，次が成り立つ：

Ⅰ．微分方程式の理論

$$\exists x \in \mathbb{R},\ f(x)=0 \iff \forall x \in \mathbb{R},\ f(x)=0$$

* *

「微分方程式と初期条件で関数は一意に定まる」というのが"一意性"である（厳密な議論は高校数学の範疇ではないので，割愛させていただく）．これを仮定せず，"積の微分を作る解法"もあるので，以下でそれを紹介する：

$$f'(x)=f(x) \iff f'(x)-f(x)=0$$

この両辺に e^{-x} をかけて整理すると，

$$e^{-x}f'(x)-e^{-x}f(x)=0 \iff \{e^{-x}f(x)\}'=0 \quad (\because 積の微分)$$
$$\iff \exists A \in \mathbb{R},\ e^{-x}f(x)=A \iff \exists A \in \mathbb{R},\ f(x)=Ae^{x}$$

となる．初期条件があれば，$f(x)=0$ や $f(x)=2e^{x}$ などが一意に定まる．

* *

これなら文句の付けようがないし，微分方程式の『解の一意性』も納得できるだろう．

一般に，$f'(x)+af(x)\ (A \in \mathbb{R})$ には e^{ax} をかけると積の微分の形になる：
$$e^{ax}f'(x)+ae^{ax}f(x)=(e^{ax}f(x))'$$
さらに，$f'(x)+a(x)f(x)\ (a(x)$ は連続関数) には，$e^{A(x)}$ をかけると積の微分の形になる（ただし，$A(x)$ は $a(x)$ の原始関数の 1 つ）：
$$e^{A(x)}f'(x)+a(x)e^{A(x)}f(x)=(e^{A(x)}f(x))'$$

では，次は，**例題** 1. (1) を逆から考えてみよう（一意性を仮定して解く）．

例題 3.
すべての実数で定義され，何回でも微分できる関数 $f(x)$ が
$$\log f''(x)=-f(x),\ f(0)=\log 2,\ f'(0)=0$$
を満たすとする．
(1) 第 1 式から，$f'''(x)$ を $f''(x),\ f'(x)$ で表せ．また，$f''(0)$ を求めよ．
(2) (1) を用いて，$f''(x)$ を $f'(x)$ で表せ．
(3) $f'(x)=g(x)$ とおく．$-1<g(x)<1$ を示し，$g(x)$ を求めよ．
(4) $f(x)$ を求めよ．

解答

(1) 真数条件より，
$$f''(x) > 0 \quad \cdots\cdots\cdots \quad (*)$$
である．微分と $x=0$ の代入により，
$$\log f''(x) = -f(x) \iff \frac{f'''(x)}{f''(x)} = -f'(x), \ \log f''(0) = -\log 2$$
$$\therefore \quad f'''(x) = -f'(x)f''(x), \ f''(0) = \frac{1}{2}$$
である．

(2) $f'''(x) = (f''(x))'$, $-f'(x)f''(x) = -\left(\frac{1}{2}\{f'(x)\}^2\right)'$
より，
$$f'''(x) = -f'(x)f''(x), \ f''(0) = \frac{1}{2} \iff \exists C \in \mathbb{R}, \ f''(x) = -\frac{1}{2}\{f'(x)\}^2 + C, \ f''(0) = \frac{1}{2}$$
$$\therefore \quad f''(x) = -\frac{1}{2}\{f'(x)\}^2 + \frac{1}{2} = \frac{1-\{f'(x)\}^2}{2} \quad \left(\because \ f'(0)=0 \text{ より } C=\frac{1}{2}\right)$$
である．

(3) $g(x)$ で書き直すと，
$$g'(x) = \frac{1-\{g(x)\}^2}{2}, \ g(0) = 0$$
である．ここで，(*) より $g'(x) = f''(x) > 0$ であるから，
$$1 - \{g(x)\}^2 > 0 \quad \therefore \quad -1 < g(x) < 1$$
である．

引き続き，微分方程式を解こう．分離して積分すると，
$$g'(x) = \frac{1-\{g(x)\}^2}{2} \iff \frac{g'(x)}{1-\{g(x)\}^2} = \frac{1}{2} \quad (\because \ -1 < g(x) < 1)$$
$$\iff \frac{1}{2}\left(\frac{g'(x)}{1+g(x)} + \frac{g'(x)}{1-g(x)}\right) = \frac{1}{2} \iff \exists C \in \mathbb{R}, \ \log(1+g(x)) - \log(1-g(x)) = x+C$$
$$\iff \exists C \in \mathbb{R}, \ \log\frac{1+g(x)}{1-g(x)} = x+C$$
となる．$g(0)=0$ より $C=0$ なので，
$$\log\frac{1+g(x)}{1-g(x)} = x \iff \frac{1+g(x)}{1-g(x)} = e^x \quad \therefore \quad g(x) = \frac{e^x-1}{e^x+1}$$
である（最後は，分母を払って整理し，$g(x)$ の係数 e^x+1 で割った結果である）．

(4) これまでの結果から，
$$f'(x) = \frac{e^x - 1}{e^x + 1}, \ f(0) = \log 2$$
である．積分すると，実数 D を用いて
$$f(x) = \int \frac{e^x - 1}{e^x + 1} dx = \int \left(\frac{2e^x}{e^x + 1} - 1 \right) dx = 2\log(e^x + 1) - x + D$$
と表すことができる．$f(0) = \log 2$ より $D = -\log 2$ なので，
$$f(x) = 2\log(1 + e^x) - x - \log 2$$
である．

＊　　　　　　　　　　＊

次は，微分の定義を用いて微分方程式を作成する問題である．論証性を重視していこう．

例題 4.

すべての実数で定義され，何回でも微分できる関数 $f(x)$ が $f(0) = 0$, $f'(0) = 1$ を満たし，さらに，任意の実数 a, b に対して $1 + f(a)f(b) \neq 0$ であって
$$f(a + b) = \frac{f(a) + f(b)}{1 + f(a)f(b)}$$
を満たしている．
(1) 任意の実数 a に対して，$-1 < f(a) < 1$ であることを示せ．
(2) $f'(x) = 1 - \{f(x)\}^2$ が成り立つことを示せ．
(3) $f(x)$ を求めよ．

解答

(1) $b = -a$ を代入して，
$$f(a - a) = \frac{f(a) + f(-a)}{1 + f(a)f(-a)} \quad \therefore \quad f(-a) = -f(a)$$
となるので，$f(x)$ は奇関数で，$y = f(x)$ のグラフは原点に関して対称である．よって，$f(a) \geq 1$ となる a が存在すると仮定して矛盾を導けば良い．

$f(a) > 1$ となる a が存在すれば，$f(0) = 0$ なので，中間値の定理から，$f(b) = 1$ となる b が存在する．よって，$f(a) = 1$ なる a が存在すると仮定して矛盾を導けば良い．

このとき，$f(-a) = -1$ であり，
$$1 + f(a)f(-a) = 1 + 1(-1) = 0$$

となる．これは，$1+f(a)f(b) \neq 0$ という条件に反する．

よって，$-1 < f(a) < 1$ である．

(2) 微分可能であるから，

$$f'(x) = \lim_{h \to 0} \frac{f(x+h) - f(x)}{h}$$

は存在する．条件式を用いて計算すると，

$$\lim_{h \to 0} \frac{f(x+h) - f(x)}{h} = \lim_{h \to 0} \frac{\dfrac{f(x)+f(h)}{1+f(x)f(h)} - f(x)}{h} \quad \left(\because f(x+h) = \frac{f(x)+f(h)}{1+f(x)f(h)} \right)$$

$$= \lim_{h \to 0} \frac{f(h) - \{f(x)\}^2 f(h)}{h\{1+f(x)f(h)\}} = \lim_{h \to 0} \frac{f(h)}{h} \cdot \frac{1-\{f(x)\}^2}{1+f(x)f(h)}$$

$$= 1 - \{f(x)\}^2 \quad \left(\because \lim_{h \to 0} \frac{f(h)}{h} = \lim_{h \to 0} \frac{f(h) - f(0)}{h} = f'(0) = 1, \ \lim_{h \to 0} f(h) = f(0) = 0 \right)$$

$$\therefore \quad f'(x) = 1 - \{f(x)\}^2$$

である．

(3) $-1 < f(x) < 1$ より，分離することができて，さらに積分すると，

$$f'(x) = 1 - \{f(x)\}^2 \iff \frac{f'(x)}{1-\{f(x)\}^2} = 1 \iff \frac{1}{2}\left(\frac{f'(x)}{1+f(x)} + \frac{f'(x)}{1-f(x)}\right) = 1$$

$$\iff \exists C \in \mathbb{R}, \ \frac{1}{2}\{\log(1+f(x)) - \log(1-f(x))\} = x + C$$

$$\iff \exists C \in \mathbb{R}, \ \log \frac{1+f(x)}{1-f(x)} = 2x + 2C$$

となる．$f(0) = 0$ より $C = 0$ なので，

$$\log \frac{1+f(x)}{1-f(x)} = 2x \iff \frac{1+f(x)}{1-f(x)} = e^{2x} \quad \therefore \quad f(x) = \frac{e^{2x}-1}{e^{2x}+1} \quad \cdots\cdots (*)$$

である．ここで，(2) は元の条件のための必要条件に過ぎないことに注意する．

$f(x) = \dfrac{e^{2x}-1}{e^{2x}+1}$ が元の式を満たすことを確認する．

$$f'(x) = \frac{2e^{2x}(e^{2x}+1) - (e^{2x}-1)2e^{2x}}{(e^{2x}+1)^2} = \frac{4e^{2x}}{(e^{2x}+1)^2}$$

なので，$f(0) = 0,\ f'(0) = 1$ である．さらに，任意の実数 a, b に対して

$$1 + f(a)f(b) = 1 + \frac{e^{2a}-1}{e^{2a}+1} \cdot \frac{e^{2b}-1}{e^{2b}+1} = \frac{2(e^{2(a+b)}+1)}{(e^{2a}+1)(e^{2b}+1)} \neq 0,$$

$$\frac{f(a)+f(b)}{1+f(a)f(b)} = \frac{\dfrac{e^{2a}-1}{e^{2a}+1} + \dfrac{e^{2b}-1}{e^{2b}+1}}{1 + \dfrac{e^{2a}-1}{e^{2a}+1} \cdot \dfrac{e^{2b}-1}{e^{2b}+1}} = \frac{2(e^{2(a+b)}-1)}{2(e^{2(a+b)}+1)} = f(a+b)$$

Ⅰ．微分方程式の理論

となる．よって，十分であり，$f(x) = \dfrac{e^{2x}-1}{e^{2x}+1}$ である．

注 (*) で終わってはならない．なぜなら，$f(x)$ についての条件として

$$\forall a, b \in \mathbb{R}, \quad f(a+b) = \frac{f(a)+f(b)}{1+f(a)f(b)} \Rightarrow f'(x) = 1 - \{f(x)\}^2$$

であり，「$f(x)$ はこれしかあり得ない (必要)」となっているからである．

* *

例題 4 の $f(x)$ と **例題** 3 の $g(x)$ は，全く異なる微分方程式の解だが，ほぼ同じ関数になった．このことから，ある関数が満たす微分方程式は一つだけではないことが分かるだろう．

次は，微分方程式の利用法を見ながら，「置き換え」の指示に従う方法を学ぶ問題である．

例題 5.

ある生物の個体数を x，単位時間あたりの増加数を y とする ($x > 0$, $y > 0$)．x, y の間には，$y = \gamma x$ なる関係がある．ここで，γ を増殖率と呼ぶ．ある生態系における生物の増殖を長時間観察すると増殖率 γ は一定ではなく，個体数の変化に伴って 1 次関数的に変化することが分かっており，これを考慮すれば，$\gamma = a(1-bx)$ と表せる．

時刻 t から時刻 $t + \Delta t$ までの個体数の変化の割合は

$$\frac{x(t+\Delta t) - x(t)}{\Delta t}$$

と表せる．ただし，Δt は正とする．$\Delta t \to 0$ とすることにより，個体数の時間的な変化を表す次の式が得られる．

$$\frac{dx}{dt} = a(1-bx)x \quad \cdots\cdots\cdots \text{①}$$

ただし，a, b は正の定数である．これをロジスティック方程式と呼ぶ．

式 ① を解いて，x を時刻 $t = 0$ における初期値 x_0 ($x_0 > 0$) と時間 t の関数として表す手続きに関する以下の設問に答えよ．

(1) $s = \dfrac{1}{x}$ と変数変換し，式 ① から $\dfrac{ds}{dt}$ を s の関数として表せ．

(2) (1) で得られた式を解いて，s を求めよ．

(3) 初期条件を適用して，x を初期値 x_0 と時間 t の関数として表せ．

解答

(1) $s = \dfrac{1}{x}$ より，両辺を t で微分して

$$\dfrac{ds}{dt} = -\dfrac{1}{x^2} \cdot \dfrac{dx}{dt} \quad \therefore \quad \dfrac{dx}{dt} = -x^2 \cdot \dfrac{ds}{dt} = -\dfrac{1}{s^2} \cdot \dfrac{ds}{dt}$$

である．これを ① に代入して，

$$-\dfrac{1}{s^2} \cdot \dfrac{ds}{dt} = a\left(1 - \dfrac{b}{s}\right) \cdot \dfrac{1}{s} \quad \therefore \quad \dfrac{ds}{dt} = -a(s-b) \quad \cdots\cdots\cdots ①'$$

となる．

(2), (3)

解1 (1) より，e^{at} をかけて積分すると，

$$①' \iff \dfrac{ds}{dt} + as = ab \iff e^{at}\dfrac{ds}{dt} + ae^{at}s = abe^{at}$$
$$\iff \dfrac{d}{dt}(e^{at}s) = \dfrac{d}{dt}(be^{at}) \iff {}^{\exists}C \in \mathbb{R},\ e^{at}s = be^{at} + C$$
$$\therefore \quad s = b + Ce^{-at}$$

とおくことができる．

解2 $(s-b)' = s'$ より，両辺を $s-b$ で割って，

$$①' \iff \dfrac{d(s-b)}{dt} = -a(s-b) \iff \dfrac{1}{s-b} \cdot \dfrac{d(s-b)}{dt} = -a$$
$$\iff \dfrac{d}{dt}\bigl(\log|s-b|\bigr) = -a \iff \log|s-b| = -at + C' \quad (C' \in \mathbb{R})$$
$$\iff s - b = \pm e^{-at+C'} \quad \therefore \quad s = Ce^{-at} + b \quad (C = \pm e^{C'})$$
$$\iff \dfrac{d}{dt}\bigl(\log|s-b|\bigr) = -a \iff {}^{\exists}C' \in \mathbb{R},\ \log|s-b| = -at + C' \quad (C' \in \mathbb{R})$$
$$\iff {}^{\exists}C' \in \mathbb{R},\ s - b = \pm e^{-at+C'}$$

である．$C = \pm e^{C'}$ とおくことで $s = Ce^{-at} + b$ と表せる．

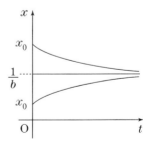

$$x = \dfrac{1}{b + Ce^{-at}} \text{ と表せ，} t=0 \text{ において } x = x_0 > 0 \text{ より，}$$
$$x_0 = \dfrac{1}{b + Ce^0} \quad \text{i.e.} \quad C = \dfrac{1}{x_0} - b$$

であり，

$$s = b + \left(\dfrac{1}{x_0} - b\right)e^{-at}, \quad x = \dfrac{x_0}{bx_0 + (1 - bx_0)e^{-at}}$$

である．

  *   *

I．微分方程式の理論

このように，科学の分野で微分方程式はよく用いられる．その際には，

$$\frac{dx}{dt} = (\text{単位時間当たりの } x \text{ の変化量}) = (\text{速度})$$

と表現される（正負があるので，"速さ"ではない）．今回は，"個体数の増加速度"であった．ロジスティック方程式を利用した **例題** 5 のモデルでは，十分時間が経過すると，最初の個体数によらず，一定の個体数に近付くことを表している．

また，リード文にあった Δt の意味を考えよう．実際の測定において連続的な測定は不可能であり，時間間隔がある．それを Δt としている．$\Delta t \to 0$ で導関数を作ったが，現実的には数列 $\{f(t_0 + n \cdot \Delta t)\}_{n \geq 0}$ を考え，$\{f(t_0 + (n+1)\Delta t) - f(t_0 + n \cdot \Delta t)\}_{n \geq 0}$ がその階差数列である．微分方程式①は，漸化式

$$x_{n+1} - x_n = \Delta t \cdot a(1 - bx_n)x_n$$

の連続版と見ることができるのである．詳しくは，「Ⅳ．補講　5．漸化式と微分方程式」で考えよう．

さて，本問のように，変数，関数，定数が紛らわしい場合もある（a, b, x_0 は定数，x, y, t, s は変数である）．これらをきちんと区別して微分，積分などの計算を行うことが重要である．

他の例も考えてみよう．

例題 6.

右図のように水深 h が一定勾配で浅くなる海がある．位置 x における水深は $h(x) = h_0 - ax$ で与えられる．ただし，$a > 0$, $h_0 > 0$ とする．時刻 $t = 0$ のとき，

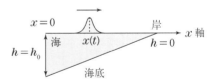

位置 $x = 0$ で津波が発生した．時刻 t での津波の進行速度は $\sqrt{gh(x)}$ に等しいことが知られている．ここで，g は正の定数である．津波が位置 x に到達する時刻を $t(x)$ とする．

(1) $\dfrac{dt}{dx}$ を x で表せ．

(2) 津波が水深 $h = d$ となる位置に到達する時刻 T_d および $T = \lim_{d \to 0} T_d$ を求めよ．ただし，d は $0 < d < h_0$ とする．また，時刻 $\dfrac{T}{2}$ での津波の位置の座標を求めよ．

解答

(1) 時刻 t での津波の進行速度が $\dfrac{dx}{dt}$ であるから,

$$\frac{dt}{dx} = \lim_{\Delta x \to 0} \frac{\Delta t}{\Delta x} = \lim_{\Delta t \to 0} \frac{1}{\frac{\Delta x}{\Delta t}} = \frac{1}{\frac{dx}{dt}} = \frac{1}{\sqrt{gh(x)}} = \frac{1}{\sqrt{g(h_0 - ax)}}$$

である.

(2) (1) の両辺を x で積分すると, $C \in \mathbb{R}$ を用いて

$$t(x) = \int \frac{1}{\sqrt{g(h_0 - ax)}} dx = \frac{-2}{ag}\sqrt{g(h_0 - ax)} + C$$

と表すことができる. $x = 0$ とすると, $t(0) = 0$ より,

$$\frac{-2}{ag}\sqrt{gh_0} + C = 0 \quad \text{i.e.} \quad C = \frac{2}{ag}\sqrt{gh_0}$$

$$\therefore \quad t(x) = \frac{-2}{ag}\sqrt{g(h_0 - ax)} + \frac{2\sqrt{gh_0}}{ag} = \frac{2\sqrt{g}\left(\sqrt{h_0} - \sqrt{h_0 - ax}\right)}{ag} = \frac{2\sqrt{g}\left(\sqrt{h_0} - \sqrt{h(x)}\right)}{ag}$$

である. 水深 $h = d$ のとき,

$$T_d = \frac{2\sqrt{g}\left(\sqrt{h_0} - \sqrt{d}\right)}{ag}$$

である. 極限をとると,

$$T = \lim_{d \to 0} \frac{2\sqrt{g}\left(\sqrt{h_0} - \sqrt{d}\right)}{ag} = \frac{2\sqrt{gh_0}}{ag}$$

である. 時刻 $\dfrac{T}{2}$ のとき, x が満たす条件を考えて, 求める座標は

$$\frac{T}{2} = \frac{2\sqrt{g}\left(\sqrt{h_0} - \sqrt{h_0 - ax}\right)}{ag} \iff \frac{\sqrt{gh_0}}{ag} = \frac{2\sqrt{g}\left(\sqrt{h_0} - \sqrt{h_0 - ax}\right)}{ag}$$

$$\iff \sqrt{h_0} = 2\sqrt{h_0} - 2\sqrt{h_0 - ax} \iff 2\sqrt{h_0 - ax} = \sqrt{h_0}$$

$$\iff 4(h_0 - ax) = h_0 \quad \therefore \quad x = \frac{3h_0}{4a}$$

である.

※ 本問に登場した文字のうち, h_0, a, g, T は定数, h, x, t, d は変数である.

∗　　　　　　　　　∗

理論確認は以上である.

実際に問題を解いていき, 考え方を身につけてもらいたい.

= Ⅱ. 問 題 編 =

1．基本計算
2．論証系
3．グラフ系
4．物理量系

1. 基本計算

1 次の微分方程式を解け.
  (1) $f'(x) = 2f(x)$, $f(0) = 1$
  (2) $f'(x) = 3\{f(x)\}^2$, $f(0) = 1$
  (3) $f'(x) = 3f(x) - 4$, $f(0) = 2$
  (4) $f'(x) = 2xf(x)$, $f(0) = 3$
  (5) $f'(x) + f(x) = x$, $f(0) = 0$

2 関数 $f(x)$ は微分方程式
$$f'(x) - \frac{2x}{1+x^2}f(x) = 1 + x^2, \ f(0) = 1$$
を満たす.

  (1) $g(x) = \dfrac{f(x)}{1+x^2}$ とおく. $g(x)$ が満たす微分方程式を求めよ.
  (2) $f(x)$ を求めよ.

3 関数 $f(x)$ は微分方程式
$$f'(x) = \{f(x)\}^2 - 3f(x) + 2, \ f(0) = \frac{4}{3}$$
を満たす.

  (1) $g(x) = \dfrac{1}{f(x)-1}$ とおく. $g(x)$ が満たす微分方程式を求めよ.
  (2) $f(x)$ を求めよ.

4 関数 $f(x)$ は微分方程式
$$f'(x) + 2xf(x) = x^3, \ f(1) = 1$$
を満たす.

  (1) $g(x) = f(x)e^{x^2}$ とおく. $g(x)$ が満たす微分方程式を求めよ.
  (2) $f(x)$ を求めよ.

5 関数 $f(x)$ は微分方程式
$$f''(x) = 4f(x),\ f(0) = 2,\ f'(0) = 0$$
を満たす.
(1) $g(x) = f'(x) - 2f(x)$ とおく. $g(x)$ が満たす微分方程式を求めよ.
(2) $f(x)$ を求めよ.

6 微分可能な関数 $f(x)$ に対し,$g(x) = f(x)e^{-x}$ とするとき次の問いに答えよ.
(1) $f'(x) = f(x) + g'(x)e^x$ であることを示せ.
(2) ある定数 a に対し,等式
$$f(x) = \int_a^x \{f(t) - 4te^{-t}\}dt$$
が成立し,かつ $f(0) = 1$ であるとき,$f(x)$ および a の値を求めよ.

7 微分可能な関数 $f(x), g(x)$ が $g(0) = 1$ および
$$f(x) = g(x) + 3\int_0^x e^{t-x}f(t)dt$$
を満たしているとする.
(1) $f'(x) = 2f(x) + h(x)$ を満たす関数 $h(x)$ を,$g(x)$ と $g'(x)$ を用いて表せ.
(2) $e^{-2x}f(x)$ の導関数を,$g(x), g'(x)$ および e^{-2x} を用いて表せ.
(3) $e^{-2x}f(x)$ が定数関数のとき,$e^x g(x)$ も定数関数であることを示せ.また,このときの $g(x)$ および $f(x)$ を求めよ.
(4) $g(x) = x^2 + 1$ のとき,$f(x)$ を求めよ.

2. 論証系

1 関数 $f(x)$ は2次の導関数をもち,$f''(x) \geq -f(x)$ が $0 \leq x \leq \pi$ において成り立ち,$f(0)=0$ であるものとする.

(1) $\displaystyle\lim_{x \to 0} \frac{f(x)}{\sin x} = f'(0)$ が成り立つことを示せ.

(2) $0 \leq x \leq \pi$ において,$f'(x)\sin x - f(x)\cos x \geq 0$ が成り立つことを示せ.

(3) $0 < x < \pi$ において,$\dfrac{f(x)}{\sin x} \geq f'(0)$ が成り立つことを示せ.

(4) 特に $f''(x)$ が恒等的に $-f(x)$ に等しいとき,$0 \leq x \leq \pi$ において $f(x) = f'(0)\sin x$ であることを示せ.

2 実数全体で定義された関数 $f(x)$ は微分可能で,$f'(x) \geq f(x)$ がつねに成り立つものとする.また,実数全体で定義された関数 $g(x)$ は第2次導関数をもち,$g(0) = 0$ で,$g''(x) \geq g(x)$ がつねに成り立つものとする.このとき,次の問いに答えよ.

(1) $(f(x)e^{-x})' \geq 0$ が成り立つことを示せ.また,特に,$f'(x) = f(x)$ が恒等的に成り立つとき,$f(x) = f(0)e^x$ であることを示せ.

(2) $x > 0$ において $\left(\dfrac{g(x)}{e^x - e^{-x}}\right)' \geq 0$ であることを示せ.

(3) 特に,$g''(x) = g(x)$ が恒等的に成り立つとき,$x \geq 0$ において $g(x) = \dfrac{g'(0)(e^x - e^{-x})}{2}$ であることを示せ.

3 以下の問に答えよ.

(1) $a,\ b,\ c,\ d$ を実数とし,$b > 0,\ d < 0$ とする.関数 $f(x) = ae^{bx} + ce^{dx}$ が
$$f''(x) = 4f(x),\ f(0) = 1,\ f'(0) = 6$$
を満たすという.$a,\ b,\ c,\ d$ の値を求めよ.

(2) $a,\ b,\ c,\ d$ を実数とし,$b,\ d$ は正とする.関数 $f(x) = a\sin(bx) + c\cos(dx)$ が
$$f''(x) = -4f(x),\ f(0) = 2,\ f'(0) = 6$$
を満たすという.$a,\ b,\ c,\ d$ の値を求めよ.

4 定数 a ($a \geq 0$) および b が与えられている．$x \geq 0$ で定義された関数 $y = f(x)$ で，下の2つの条件①，②を満たすものを決定せよ．

① $f(x)$ は $x \geq 0$ で連続，$x > 0$ で微分可能

② $b \int_a^x f(t) dt = x f(x)$

5 T を正の定数とする．閉区間 $[0, T]$ で定義された連続関数 $f(x)$ は，常に 0 以上の値をとるものとする．このとき，
$$f(t) \leq L \int_0^t f(x) dx \quad (t \in [0, T])$$
が成り立つような実数 L が存在すれば，$f(x)$ は恒等的に 0 であることを示せ．

6 2回微分可能な関数 $f(x)$ が，すべての実数 x について
$$f(x) > 0, \ f'(x) > f''(x)$$
を満たしている．このとき，すべての実数 x について $f'(x) > 0$ が成り立つことを示せ．

7 関数 $y = f(x)$ ($x \geq 0$) は次の条件①，②を満たしている．

① $f(x)$ は微分可能で $f'(x)$ は連続，かつ $f(x) > 0$

② 正の定数 a があって $\int_0^x (f(t))^{-a} dt = \int_a^{f(x)} \left(e^{-\frac{t^2}{2}} + t^{-a} \right) dt$

(1) ②の等式の両辺を x について微分して得られる y の満たす微分方程式を書け．また，$f(0)$ の値を求めよ．

(2) 正の定数 b, c があって次の不等式（イ），（ロ）を満たしていることを示せ．

（イ） $b \leq f'(x) \leq 1$

（ロ） $0 \leq f(x) \left(\dfrac{1}{f'(x)} - 1 \right) \leq c$

(3) $\lim_{x \to \infty} f'(x)$ を求めよ．また，$f'(x)$ の最小値を求めよ．

3. グラフ系

1 xy 平面において，曲線 $y=\dfrac{x^3}{6}+\dfrac{1}{2x}$ 上の点 $\left(1,\ \dfrac{2}{3}\right)$ を出発し，この曲線上を進む点 P がある．出発してから t 秒後の P の速度 $\vec{v}$ の大きさは $\dfrac{t}{2}$ に等しく，$\vec{v}$ の x 成分はつねに正または 0 であるとする．

(1) 出発してから t 秒後の P の位置を $(x,\ y)$ として，x と t の間の関係式を求めよ．

(2) $\vec{v}$ がベクトル $(8,\ 15)$ と平行になるのは出発してから何秒後か．

2 関数 $f(x)$ は微分可能で，つねに $f(x)>0$ であり，曲線 $y=f(x)$ 上の任意の点 $(a,\ f(a))$ での接線が x 軸と $(a-1,\ 0)$ で交わるとする．また，$y=f(x)$ 上の点 $(-1,\ f(-1))$ での法線は原点 $(0,\ 0)$ を通るとする．$f(x)$ を求めよ．

3 $f(x)$ は $0<x<1$ で定義された正の値をとる微分可能な関数で，$\lim\limits_{x\to 1}f'(x)=\infty$ を満たし，さらに曲線 $C:y=f(x)$ は次の性質をもつという．

　　C 上に任意の点 P をとり，原点 O と点 P を結ぶ直線と x 軸のなす角を θ とするとき，点 P における曲線 C の接線と x 軸のなす角は 2θ である．ただし，θ は $0<\theta<\dfrac{\pi}{4}$ の範囲にあるものとする．

(1) $f(x)$ の満たす微分方程式を求めよ．

(2) $g(x)=\dfrac{f(x)}{x}+\dfrac{x}{f(x)}$ とおく．$g(x)$ の満たす微分方程式を求めよ．

(3) $f(x)$ を求めよ．

4 2つの曲線
$$C_1 : y = f(x) \quad (x > 0)$$
$$C_2 : y = g(x) \quad (x > 0)$$
は，次の3条件(イ)，(ロ)，(ハ)を満たすものとする．

(イ)　$x > 0$ において，$f(x)$，$g(x)$ は正の値をとる．

(ロ)　曲線 C_1 上の点 P における C_1 の接線と y 軸との交点を Q とするとき，線分 PQ の中点は，つねに曲線 C_2 の上にある．

(ハ)　曲線 C_1 は点 $(1, 2)$ を通る．

t を正の実数とする．曲線 C_1，x 軸，直線 $x = t$，および直線 $x = 1$ で囲まれる部分の面積を S_1 とし，曲線 C_2，x 軸，直線 $x = \dfrac{t}{2}$，および直線 $x = \dfrac{1}{2}$ で囲まれる部分の面積を S_2 とする．このとき，どのような正の数 t に対しても，つねに $S_1 = S_2$ が成り立つという．

関数 $f(x)$ $(x > 0)$ を求めよ．

5 $f(x)$ は2次の導関数をもち，$f(0) < 0$ を満たす関数で，さらに次の性質をもつという．
原点を O とし，曲線 $y = f(x)$ 上の任意の点 $P(x, y)$ に対し，点 $(x, y+1)$ を Q とするとき，∠OPQ の二等分線が曲線 $y = f(x)$ の点 P における法線になる．

(1) $f(x)$ の満たす微分方程式を求めよ．

(2) $g(x) = f'(x)$ とおくとき，$g(x)$ の満たす微分方程式を求めよ．

(3) $f(0) = -1$ であるとき，$f(x)$ を求めよ．

6 関数 $y=\log x$ のグラフ上の1点 $P(s, \log s)$ $(s \geqq 1)$ における接線と y 軸の交点を Q とする．グラフ上に定点 $A(1, 0)$ をとる．AP 間のグラフの長さを $\widehat{AP}$，線分 PQ の長さを $\overline{PQ}$ とし，$t = \overline{PQ} - \widehat{AP}$ とする．

t は s の関数である：$t = t(s)$

(1) $\dfrac{dt}{ds}$ を s で表せ．また，t は s の減少関数であることを示せ．

$t_0 = \lim\limits_{s \to \infty} t$ とおく．以下，$t_0 < t \leqq t(1)$ の範囲で考える．

(2) $u = \dfrac{1}{s}$，$v = \sqrt{1+u^2}$ とおくとき，$\dfrac{du}{dt}$，$\dfrac{dv}{dt}$ を u の関数として表せ．

(3) u を t の関数として表せ．また，t_0 の値を求めよ．

注 $\widehat{AP}$ は「曲線の長さ」：
$$\widehat{AP} = \int_0^s \sqrt{1 + \{f'(x)\}^2}\, dx$$
です．詳細は「IV. 補講」にあります．

7 $f(x), g(x)$ は $x \geqq 0$ で定義された正の値をとる連続な関数で，$x > 0$ で微分可能であるとする．それらの定める曲線を

$C_1 : y = f(x)$ $(x \geqq 0)$ $C_2 : y = g(x)$ $(x \geqq 0)$

とするとき，以下の性質が満たされるという．ただし，p は与えられた自然数とする．

(イ) $f(x)$ は $x \geqq 0$ において増加な関数で，$f(0) = 1$ を満たす．

(ロ) $f(x)g(x)^p = p^p$ $(x \geqq 0)$

(ハ) すべての $x > 0$ に対して，平面上の点 $(x, f(x))$ における曲線 C_1 の接線と，点 $(x, g(x))$ における曲線 C_2 の接線は直交する．

(1) $f(x)$ を求めよ．

(2) $p = 3$ のとき，曲線 C_1，C_2 および y 軸で囲まれる部分の面積を求めよ．

8 xy 平面の $x>0$ の部分にある曲線 K は,
$$\frac{dy}{dx}=\frac{x\sin\theta+y\cos\theta}{x\cos\theta-y\sin\theta} \quad\cdots\cdots (*)$$
を満たすものとする (両辺が定義される任意の x, y に対して). ただし, θ は $0\leqq\theta<2\pi$ を満たす定数である.

(1) $y=tx$ と置換することで,
$$x\frac{dt}{dx}=\frac{(1+t^2)\sin\theta}{\cos\theta-t\sin\theta}$$
が成り立つことを示せ.

(2) K を表す方程式を求めよ. ただし, 積分定数 C を用いて表せ. また, 必要ならば, 以下の関数 $g(x)$ を用いよ:
$$g(x)=\int_0^x\frac{dt}{1+t^2}$$

4. 物理量系

[1] 長さの単位をセンチメートル，時間 t の単位を秒とする．曲線 $y=x^2$ の軸を鉛直にして，この曲線を軸のまわりに回転して得られる曲面を内面とする容器がある．ある時刻 ($t=0$) に水をこの容器に入れ始め，任意の $t\,(>0)$ に対して，t 秒後の水面の上昇速度が t^2 cm/sec であるようにするには，水の注入速度 (単位は cm^3/sec) をどのようにすればよいか．

[2] 内側が直円錐形の容器がある．その回転軸は鉛直で，頂点が最低点，深さは h で，上面は半径 R の円である．この容器に上面まで満たされた水を，断面積が S の管を通じて，最低点からポンプで流出させるとする．水の流出速度 v は，そのときの水面の高さを x とすれば，

$$v = kx \quad (k \text{ は正の実数})$$

で与えられるようにポンプが調整されているものとする．

流出し始めた時刻を $t=0$ として，時刻 t における水面の高さ $x(t)$ を求めよ．ただし，t は容器が空になる時刻までに限定する．（時刻 t と $t+\Delta t$ の間に流出する水量を ΔQ とすれば，

$$\lim_{\Delta t \to 0} \frac{\Delta Q}{\Delta t} = Sv$$

が成り立つ．）

[3] 高さ 10 m の円錐形の内部をもつタンクがあり，円錐の底面が下側にあって水平であるように置かれている．

タンク内の水面（水の深さ）が y m ($y<10$) のときには $(10-y)$ ℓ/分 の速度で注水することにする．

タンクが空のときに注水を始めて，9 時間後に水面が 2 m になった．タンクに水が一杯になるのは，あと何時間後か．

4 楕円 $\dfrac{x^2}{a^2}+\dfrac{y^2}{b^2}=1$ $(a>0, b>0)$ の上の点 $P(x, y)$ を媒介変数 u を使って，
$$x=a\cos u, \quad y=b\sin u \quad (0\leqq u<2\pi)$$
で表す．時間を t とし，P は t の変化につれて次のように移動する．時刻 $t=0$ のとき点 P は $(a, 0)$ にあり，その後，この楕円上を時計の針の進行方向と逆の方向に動く．時刻 t $(t>0)$ までに線分 OP の通過した部分の面積を S とする．つねに $\dfrac{dS}{dt}=1$ であるとき，u を t の関数として表せ．

5 座標平面上の双曲線 $\dfrac{x^2}{a^2}-\dfrac{y^2}{b^2}=1$ $(a>0, b>0)$ を H とする．原点を O としたとき，双曲線 H 上の点 $P_t(p(t), q(t))$ を，x 軸，双曲線 H，および，線分 OP_t が囲む領域の面積が t となるようにとる．ただし，$p(t), q(t)$ は微分可能であり，$p(t)\geqq 0$，$q(t)\geqq 0$ とする．
(1) $0<s<t$ のとき，三角形 OP_sP_t の面積を $p(s), q(s), p(t), q(t)$ で表せ．
(2) $\Delta t>0$ が十分小さいとき，Δt を三角形 $OP_tP_{t+\Delta t}$ の面積で近似することで，
$$p(t)q'(t)-q(t)p'(t)=2$$
が成り立つことを示せ．
(3) $f(t)=bp(t)-aq(t), g(t)=bp(t)+aq(t)$ とおくと，$f(t)g(t)=a^2b^2$ が成り立つことを示せ．
(4) $f(t)$ および $g(t)$ を求めよ．
(5) $p(t)$ および $q(t)$ を求めよ．

＝ Ⅲ. 解 答 編 ＝

1．基本計算
2．論証系
3．グラフ系
4．物理量系

1．基本計算

> $\boxed{1}$　次の微分方程式を解け．
> (1) $f'(x)=2f(x)$, $f(0)=1$
> (2) $f'(x)=3\{f(x)\}^2$, $f(0)=1$
> (3) $f'(x)=3f(x)-4$, $f(0)=2$
> (4) $f'(x)=2xf(x)$, $f(0)=3$
> (5) $f'(x)+f(x)=x$, $f(0)=0$

解答

(1) $f'(x)=2f(x) \iff \dfrac{f'(x)}{f(x)}=2\ (\because f(x)\not=0) \iff \dfrac{d}{dx}\log|f(x)|=2$
$\iff \exists C\in\mathbb{R},\ \log|f(x)|=2x+C \iff \exists C\in\mathbb{R},\ f(x)=Ae^{2x}\ (A=\pm e^C)$
である．$f(0)=1$ より $A=1$ であり，
$$f(x)=e^{2x}$$
である．

注　$f(0)=1$ から $A\not=0$ なので，この解法で問題ないが，$f(x)=0$ の場合も考慮して，割り算しない解法（積の微分を作る解法）も再確認しておこう．すべて同値変形で計算していく．

別解　$f'(x)-2f(x)=0$, $f(0)=1 \iff e^{-2x}f'(x)-2e^{-2x}f(x)=0$, $f(0)=1$
$\iff (e^{-2x}f(x))'=0$, $f(0)=1 \iff \exists A\in\mathbb{R},\ e^{-2x}f(x)=A$, $f(0)=1$
$\therefore\ f(x)=e^{2x}\ (A=1)$
である．

(2) $f'(x)=3\{f(x)\}^2 \iff \dfrac{f'(x)}{\{f(x)\}^2}=3\ (\because f(x)\not=0) \iff -\dfrac{d}{dx}\left(\dfrac{1}{f(x)}\right)=3$
$\iff \exists C\in\mathbb{R},\ -\dfrac{1}{f(x)}=3x+C\ \therefore\ f(x)=\dfrac{-1}{3x+C}$
とおける．$f(0)=1$ より $C=-1$ であり，
$$f(x)=\dfrac{-1}{3x-1}$$
である．

注　$f(x)$ が定まるのは，実は $x<\dfrac{1}{3}$ においてのみである．$x\geq\dfrac{1}{3}$ での C は，また別の条件がないと定まらない．連結な区間で考えたと解釈し，本書では上のように答えておく．

(3) $f'(x) = 3f(x) - 4 \iff \left(f(x) - \dfrac{4}{3}\right)' = 3\left(f(x) - \dfrac{4}{3}\right)$

$\iff \dfrac{\left(f(x) - \dfrac{4}{3}\right)'}{f(x) - \dfrac{4}{3}} = 3 \ \left(\because f(x) \neq \dfrac{4}{3}\right) \iff \dfrac{d}{dx}\left(\log\left|f(x) - \dfrac{4}{3}\right|\right) = 3$

$\iff \exists C \in \mathbb{R}, \ \log\left|f(x) - \dfrac{4}{3}\right| = 3x + C \iff \exists C \in \mathbb{R}, \ f(x) - \dfrac{4}{3} = Ae^{3x} \ (A = \pm e^C)$

$\therefore \quad f(x) = Ae^{3x} + \dfrac{4}{3}$

とおくことができて,$f(0) = 2$ より,

$f(0) = A + \dfrac{4}{3} = 2 \quad \text{i.e.} \quad A = \dfrac{2}{3} \quad \therefore \quad f(x) = \dfrac{2}{3}e^{3x} + \dfrac{4}{3}$

である.

(4) $f'(x) = 2xf(x) \iff \dfrac{f'(x)}{f(x)} = 2x \ (\because f(x) \neq 0) \iff \dfrac{d}{dx}\log|f(x)| = 2x$

$\iff \exists C \in \mathbb{R}, \ \log|f(x)| = x^2 + C \iff \exists C \in \mathbb{R}, \ f(x) = Ae^{x^2} \ (A = \pm e^C)$

であり,$f(0) = 3$ より $A = 3$ であり,

$f(x) = 3e^{x^2}$

である.

(5) e^x をかけて積の微分を作ると,

$f'(x) + f(x) = x \iff e^x f'(x) + e^x f(x) = xe^x \iff \{e^x f(x)\}' = xe^x$

なので,積分定数を C として

$\int xe^x \, dx = \int x(e^x)' \, dx = xe^x - \int e^x \, dx = (x-1)e^x + C \ (C \in \mathbb{R})$

となる.よって,

$e^x f(x) = (x-1)e^x + C \quad \text{i.e.} \quad f(x) = x - 1 + Ce^{-x}$

と表せる.$f(0) = 0$ より $C = 1$ であり,

$f(x) = x - 1 + e^{-x}$

である.

注 (5) は,割り算で分離する方法ではなく,積の微分を作る方法で考えなければ苦しくなる.

2 関数 $f(x)$ は微分方程式
$$f'(x) - \frac{2x}{1+x^2}f(x) = 1+x^2, \ f(0) = 1$$
を満たす．

(1) $g(x) = \dfrac{f(x)}{1+x^2}$ とおく．$g(x)$ が満たす微分方程式を求めよ．

(2) $f(x)$ を求めよ．

解答

(1) $\quad f(x) = (1+x^2)g(x) \quad \therefore \quad f'(x) = 2xg(x) + (1+x^2)g'(x)$

であるから，

$\qquad f'(x) - \dfrac{2x}{1+x^2}f(x) = 1+x^2, \ f(0) = 1$

$\iff 2xg(x) + (1+x^2)g'(x) - 2xg(x) = 1+x^2, \ g(0) = 1$

$\iff g'(x) = 1, \ g(0) = 1 \ (\because \ 1+x^2 \neq 0)$

である．

(2) (1) より，

$\qquad g(x) = x+1 \quad \therefore \quad f(x) = (x+1)(1+x^2)$

である．

3 関数 $f(x)$ は微分方程式
$$f'(x) = \{f(x)\}^2 - 3f(x) + 2, \quad f(0) = \frac{4}{3}$$
を満たす.

(1) $g(x) = \dfrac{1}{f(x) - 1}$ とおく. $g(x)$ が満たす微分方程式を求めよ.

(2) $f(x)$ を求めよ.

解答

(1) $f(x)$, $f'(x)$ を $g(x)$, $g'(x)$ で表すと, $g(x) \neq 0$ より,
$$f(x) = 1 + \frac{1}{g(x)} \quad \therefore \quad f'(x) = \frac{-g'(x)}{\{g(x)\}^2}$$
である. 条件の右辺を因数分解し, これを代入して,
$$f'(x) = \{f(x) - 1\}\{f(x) - 2\}, \ f(0) = \frac{4}{3} \iff \frac{-g'(x)}{\{g(x)\}^2} = \frac{1}{g(x)}\left\{\frac{1}{g(x)} - 1\right\}, \ g(0) = 3$$
$$\iff g'(x) = g(x) - 1, \ g(0) = 3$$
である.

(2) $(g(x) - 1)' = g'(x)$ なので, (1) より,
$$(g(x) - 1)' = g(x) - 1, \ g(0) = 3 \iff \frac{(g(x) - 1)'}{g(x) - 1} = 1, \ g(0) = 3 \ (\because g(x) \neq 1)$$
$$\iff \frac{d}{dx}\log|g(x) - 1| = 1, \ g(0) = 3 \iff \exists C \in \mathbb{R}, \ \log|g(x) - 1| = x + C, \ g(0) = 3$$
$$\iff \exists C \in \mathbb{R}, \ g(x) - 1 = \pm e^{x+C}, \ g(0) = 3 \iff g(x) = 2e^x + 1$$
$$\therefore \quad f(x) = 1 + \frac{1}{2e^x + 1}$$
である.

4 関数 $f(x)$ は微分方程式
$$f'(x)+2xf(x)=x^3,\ f(1)=1$$
を満たす．

(1) $g(x)=f(x)e^{x^2}$ とおく．$g(x)$ が満たす微分方程式を求めよ．

(2) $f(x)$ を求めよ．

解答

(1) $f(x)=g(x)e^{-x^2}$ $\therefore$ $f'(x)=g'(x)e^{-x^2}-2xg(x)e^{-x^2}$

であるから，

$f'(x)+2xf(x)=x^3,\ f(1)=1$

$\iff g'(x)e^{-x^2}-2xg(x)e^{-x^2}+2xg(x)e^{-x^2}=x^3,\ g(1)=e$

$\iff g'(x)e^{-x^2}=x^3,\ g(1)=e$

$\therefore g'(x)=x^3 e^{x^2},\ g(1)=e$

である．

(2) (1) より，積分定数 C を用いて

$$g(x)=\int x^3 e^{x^2}\,dx=\frac{1}{2}\int x^2\left(e^{x^2}\right)'dx=\frac{1}{2}\left\{x^2 e^{x^2}-\int 2xe^{x^2}\,dx\right\}$$
$$=\frac{1}{2}(x^2-1)e^{x^2}+C$$

と表せる．$g(1)=e$ より $C=e$ であり，

$$g(x)=\frac{1}{2}(x^2-1)e^{x^2}+e \quad\therefore\quad f(x)=\frac{1}{2}(x^2-1)+e^{1-x^2}$$

である．

※文字が小さくて見えにくいが，最後の指数は，$1-x^2$ と書いてある．

> **5** 関数 $f(x)$ は微分方程式
> $$f''(x) = 4f(x), \ f(0) = 2, \ f'(0) = 0$$
> を満たす．
> (1) $g(x) = f'(x) - 2f(x)$ とおく．$g(x)$ が満たす微分方程式を求めよ．
> (2) $f(x)$ を求めよ．

解答

(1) $\quad g'(x) = f''(x) - 2f'(x) \quad \therefore \quad f''(x) = g'(x) + 2f'(x)$

より，これと $2f(x) = f'(x) - g(x)$ を条件式に代入して，

$$f''(x) = 4f(x) \iff g'(x) + 2f'(x) = 2\{f'(x) - g(x)\} \iff g'(x) = -2g(x)$$

である．

(2) $g(0) = -4$ なので，(1) より，

$$g'(x) = -2g(x), \ g(0) = -4 \iff e^{2x}g'(x) + 2e^{2x}g(x) = 0, \ g(0) = -4$$
$$\iff \{e^{2x}g(x)\}' = 0, \ g(0) = -4 \iff e^{2x}g(x) = -4 \quad \therefore \quad g(x) = -4e^{-2x}$$

である．すると，

$$f'(x) - 2f(x) = -4e^{-2x}, \ f(0) = 2$$
$$\iff e^{-2x}f'(x) - 2e^{-2x}f(x) = -4e^{-4x}, \ f(0) = 2 \iff \{e^{-2x}f(x)\}' = -4e^{-4x}, \ f(0) = 2$$
$$\iff e^{-2x}f(x) = e^{-4x} + 1 \quad \therefore \quad f(x) = e^{-2x} + e^{2x}$$

である．

(2) の別解

$h(x) = f'(x) + 2f(x)$ とおくと，

$$h'(x) = f''(x) + 2f'(x), \ h(0) = 4$$

である．$f''(x) = h'(x) - 2f'(x), \ 2f(x) = h(x) - f'(x)$ を条件式に代入して，

$$h'(x) - 2f'(x) = 2\{h(x) - f'(x)\}, \ h(0) = 4 \iff h'(x) = 2h(x), \ h(0) = 4$$
$$\iff e^{-2x}h'(x) - 2e^{-2x}h(x) = 0, \ h(0) = 4 \iff \{e^{-2x}h(x)\}' = 0, \ h(0) = 4$$
$$\iff e^{-2x}h(x) = 4 \quad \therefore \quad h(x) = 4e^{2x}$$

である．$h(x) - g(x) = 4f(x)$ より，

$$f(x) = e^{2x} + e^{-2x}$$

である．

補足

別解の意味を探ろう．

$f(x)$ の m 次導関数を $f^{(m)}(x)$ と表す ($f(x)=f^{(0)}(x)$ とする)．

このとき，実数 $a_0, a_1, a_2, a_3, \cdots\cdots, a_n$ ($a_n \neq 0$) を用いて
$$a_n f^{(n)}(x) + \cdots\cdots + a_2 f^{(2)}(x) + a_1 f^{(1)}(x) + a_0 f^{(0)}(x) = 0 \quad \cdots\cdots \quad (*)$$
と表される微分方程式を "n 階線形微分方程式" と呼ぶ．

線形微分方程式 (*) に対し，方程式
$$a_n x^n + \cdots\cdots + a_2 x^2 + a_1 x + a_0 = 0$$
を "特性方程式" と呼び，その解を "特性解" という．

一般論を精密に議論することは高校数学の範疇ではないので，割愛させていただくが，考え方の一端には適宜触れていくことにする．

まず，結論を先に述べておく：

$x = \alpha$ (k 重解) が特性解であれば，関数
$$e^{\alpha x},\ xe^{\alpha x},\ x^2 e^{\alpha x},\ \cdots\cdots,\ x^{k-1} e^{\alpha x}$$
は (*) を満たす．これらを n 個すべての解について考え，それらに係数をつけて足したものが (*) を満たす関数の一般形である．

注　虚数解でも構わない．しかし，それを扱うには複素関数の知識が必要になるのでここでは述べない．次の論証系 $\boxed{1}$ で登場するので，そこで少し触れることにする．

*　　　　　　　　　　*

先ほどの問題であれば，$f''(x) = 4f(x)$ の特性方程式を作って解くと，
$$x^2 = 4 \quad \therefore \quad x = 2, -2$$
が特性解である．すると，上記を認めれば，
$$f(x) = Ae^{2x} + Be^{-2x}$$
とおけることが分かる．$f(0) = 2$，$f'(0) = 0$ から $A = B = 1$ を得て，
$$f(x) = e^{2x} + e^{-2x}$$
である (※ 理科で微分方程式を解く場合や大学生が解く場合は，これで十分である)．

カラクリを確認しておこう．

実は，$sf'(x) + tf(x)$ ($s, t \in \mathbb{R}$) の形の関数 $g(x)$，$h(x)$ で，

III. 解答編　1. 基本計算

$$g'(x) = -2g(x),\ h'(x) = 2h(x) \quad (\text{つまり } g(x) = ae^{-2x},\ h(x) = be^{2x} \text{ となる})$$

となるものが存在する.

まず, $g(x)$ については, $f''(x) = 4f(x)$ を

$$sf''(x) + tf'(x) = -2(sf'(x) + tf(x))$$

に変形したいということである. 右辺に $4f(x)$ があるから, 左辺には $-2f'(x)$ が欲しい. ゆえに, 条件式の両辺に $-2f'(x)$ を加えてみると,

$$f''(x) - 2f'(x) = -2f'(x) + 4f(x) \quad \therefore \quad (f'(x) - 2f(x))' = -2(f'(x) - 2f(x))$$

となり, $g(x) = f'(x) - 2f(x)$ とすれば良いことが分かる. $g(0) = -4$ より,

$$g(x) = -4e^{-2x} \quad \therefore \quad f'(x) - 2f(x) = -4e^{-2x} \quad \cdots\cdots\cdots\ \text{①}$$

である.

同様に, 条件式の両辺に $2f'(x)$ を加えると,

$$f''(x) + 2f'(x) = 2f'(x) + 4f(x) \quad \therefore \quad (f'(x) + 2f(x))' = 2(f'(x) + 2f(x))$$

となり, $h(x) = f'(x) + 2f(x)$ とすれば良い. $h(0) = 4$ より,

$$h(x) = 4e^{2x} \quad \therefore \quad f'(x) + 2f(x) = 4e^{2x} \quad \cdots\cdots\cdots\ \text{②}$$

である.

②−① を 4 で割って,

$$f(x) = e^{2x} + e^{-2x}$$

である.

$$*\qquad\qquad\qquad *$$

次の **例題** で線形微分方程式についてもう 1 つ考える.

例題

次の微分方程式を解け.

$$f^{(3)}(x) = f^{(2)}(x) + f^{(1)}(x) - f(x),\ f(0) = 0,\ f^{(1)}(0) = 1,\ f^{(2)}(0) = 1$$

解答

特性解は

$$x^3 = x^2 + x - 1 \quad \text{i.e.} \quad (x-1)^2(x+1) = 0 \quad \therefore \quad x = 1,\ -1$$

であるから,

$$g^{(1)}(x) = g(x),\ h^{(1)}(x) = -h(x)$$

となる $sf^{(2)}(x)+tf^{(1)}(x)+uf(x)$ という形の関数が存在する.

実際, 先ほどと同様に逆算していくと,
$$f^{(3)}(x)=f^{(2)}(x)+f^{(1)}(x)-f(x) \iff f^{(3)}(x)-f^{(1)}(x)=f^{(2)}(x)-f(x)$$
∴ $g(x)=f^{(2)}(x)-f(x)$,
$$f^{(3)}(x)=f^{(2)}(x)+f^{(1)}(x)-f(x) \iff f^{(3)}(x)+f^{(1)}(x)=f^{(2)}(x)+2f^{(1)}(x)-f(x)$$
$$\iff f^{(3)}(x)-2f^{(2)}(x)+f^{(1)}(x)=-f^{(2)}(x)+2f^{(1)}(x)-f(x)$$
∴ $h(x)=f^{(2)}(x)-2f^{(1)}(x)+f(x)$

である. ここで,
$$g(0)=1,\ h(0)=-1$$
なので,
$$g(x)=e^x,\ h(x)=-e^{-x}$$
である (細かい計算は省略). ゆえに,
$$f^{(2)}(x)-f(x)=e^x \quad \cdots\cdots\cdots \quad ①$$
$$f^{(2)}(x)-2f^{(1)}(x)+f(x)=-e^{-x} \quad \cdots\cdots\cdots \quad ②$$
である. ①-② より, $f^{(2)}(x)$ を消去して,
$$2f^{(1)}(x)-2f(x)=e^x+e^{-x}$$
となる. $2e^x$ で割って積の微分を作ると,
$$2f^{(1)}(x)-2f(x)=e^x+e^{-x} \iff e^{-x}f^{(1)}(x)-e^{-x}f(x)=\frac{1+e^{-2x}}{2}$$
$$\iff (e^{-x}f(x))'=\frac{1+e^{-2x}}{2} \iff \exists C \in \mathbb{R},\ e^{-x}f(x)=\frac{1}{2}x-\frac{1}{4}e^{-2x}+C$$
∴ $f(x)=\frac{1}{2}xe^x-\frac{1}{4}e^{-x}+Ce^x$

とおける. $f(0)=0$ より $C=\frac{1}{4}$ であり,
$$f(x)=\frac{1}{2}xe^x-\frac{1}{4}e^{-x}+\frac{1}{4}e^x$$
である.

＊　　　　　　　　　＊

これで先ほど述べた『結論』の正しさを実感してもらえるだろう. また, 『結論』を利用した解法は次のようになる:

大人用の解答

特性解は
$$x^3 = x^2 + x - 1 \iff (x-1)^2(x+1) = 0 \quad \therefore \quad x = 1\,(\text{重解}),\ -1$$
であるから,
$$f(x) = axe^x + be^x + ce^{-x} \quad (a,\ b,\ c \in \mathbb{R})$$
とおける.
$$f^{(1)}(x) = axe^x + (a+b)e^x - ce^{-x},\ f^{(2)}(x) = axe^x + (2a+b)e^x + ce^{-x}$$
なので, $f(0) = 0,\ f^{(1)}(0) = 1,\ f^{(2)}(0) = 1$ から
$$b + c = 0,\ a + b - c = 1,\ 2a + b + c = 1$$
$$\therefore \quad a = \frac{1}{2},\ b = \frac{1}{4},\ c = -\frac{1}{4}$$
を得て,
$$f(x) = \frac{1}{2}xe^x + \frac{1}{4}e^x - \frac{1}{4}e^{-x}$$
である.

* *

では最後に,『結論』前半を証明しよう (後半は大学の微分方程式論で学んでください).

例題

微分方程式
$$a_n f^{(n)}(x) + \cdots\cdots + a_2 f^{(2)}(x) + a_1 f^{(1)}(x) + a_0 f^{(0)}(x) = 0 \quad \cdots\cdots \quad (*)$$
の特性方程式
$$a_n x^n + \cdots\cdots + a_2 x^2 + a_1 x + a_0 = 0 \quad \cdots\cdots \quad (\#)$$
が $x = \alpha$ を k 重解として実数解にもてば, 関数
$$e^{\alpha x},\ xe^{\alpha x},\ x^2 e^{\alpha x},\ \cdots\cdots,\ x^{k-1}e^{\alpha x}$$
は $(*)$ を満たすことを示せ.

解答

$f_i(x) = x^{i-1}e^{\alpha x}\ (1 \leq i \leq k)$ とおく.

「$x = \alpha$ が $(\#)$ の i 重解ならば $f_i(x)$ が $(*)$ を満たす」
を示せば良い (i 重解は $(i-1)$ 重解でもあるから).

i に関する帰納法で示す ("特定の微分方程式" で考えているのではないことに注意!).

1) $a_n f^{(n)}(x) + \cdots\cdots + a_2 f^{(2)}(x) + a_1 f^{(1)}(x) + a_0 f^{(0)}(x) = 0$ $\cdots\cdots$ (∗)

の特性方程式が $x = \alpha$ を解にもつような任意の微分方程式 (∗) において,

$$a_n \alpha^n + \cdots\cdots + a_2 \alpha^2 + a_1 \alpha + a_0 = 0$$

が成り立つことと

$$f_1^{(m)}(x) = \alpha^m e^{\alpha x} \quad (0 \leqq m \leqq n)$$

となることより, (∗) の $f(x)$ に $f_1(x)$ を代入したら

$$((∗) \text{の左辺}) = (a_n \alpha^n + \cdots\cdots + a_2 \alpha^2 + a_1 \alpha + a_0) e^{\alpha x} = 0$$

が成り立つ. つまり, $i = 1$ のときは成り立つ.

2) $i = j$ での成立を仮定して, $i = j+1$ での成立を示す. つまり,

「 $b_p f^{(p)}(x) + \cdots\cdots + b_2 f^{(2)}(x) + b_1 f^{(1)}(x) + b_0 f^{(0)}(x) = 0$ $\cdots\cdots$ (∗)

の特性方程式が $x = \alpha$ を j 重解にもつような任意の微分方程式 (∗) において,

$$b_p f_j^{(p)}(x) + \cdots\cdots + b_2 f_j^{(2)}(x) + b_1 f_j^{(1)}(x) + b_0 f_j^{(0)}(x) = 0$$

が成り立つ」

を仮定して,

「 $c_q f^{(q)}(x) + \cdots\cdots + c_2 f^{(2)}(x) + c_1 f^{(1)}(x) + c_0 f^{(0)}(x) = 0$ $\cdots\cdots$ (∗)

の特性方程式が $x = \alpha$ を $j+1$ 重解にもつような任意の微分方程式 (∗) において,

$$c_q f_{j+1}^{(q)}(x) + \cdots\cdots + c_2 f_{j+1}^{(2)}(x) + c_1 f_{j+1}^{(1)}(x) + c_0 f_{j+1}^{(0)}(x) = 0$$

が成り立つ」

を示す.

まず, 重解であるから,

$$c_q \alpha^q + \cdots\cdots + c_2 \alpha^2 + c_1 \alpha + c_0 = 0 \quad (j+1 \text{重解})$$

$$q c_q \alpha^{q-1} + \cdots\cdots + 2 c_2 \alpha + c_1 = 0 \quad (j \text{重解})$$

が成り立ち, 帰納法の仮定から

$$c_q f_j^{(q)}(x) + \cdots\cdots + c_2 f_j^{(2)}(x) + c_1 f_j^{(1)}(x) + c_0 f_j^{(0)}(x) = 0,$$

$$q c_q f_j^{(q-1)}(x) + \cdots\cdots + 2 c_2 f_j^{(1)}(x) + c_1 f_j^{(0)}(x) = 0$$

である.

また, ライプニッツの公式

$$(a(x) \cdot b(x))^{(N)} = \sum_{k=0}^{N} {}_N C_k \cdot a^{(k)}(x) \cdot b^{(N-k)}(x) \quad (\text{証明は次頁にある})$$

を用いると, $f_{i+1}(x) = x^i e^{\alpha x} = x f_i(x)$ から,

$$f_{j+1}^{(m)}(x) = (x f_j(x))^{(m)} = \sum_{k=0}^{m} {}_m C_k \cdot (x)^{(k)} (f_j(x))^{(m-k)} = m f_j^{(m-1)}(x) + x f_j^{(m)}(x)$$

となる．

(∗) の $f(x)$ に $f_{j+1}(x)$ を代入したら，

((∗) の左辺)
$= c_q f_{j+1}^{(q)}(x) + \cdots\cdots + c_2 f_{j+1}^{(2)}(x) + c_1 f_{j+1}^{(1)}(x) + c_0 f_{j+1}^{(0)}(x)$
$= c_q(qf_j^{(q-1)}(x) + xf_j^{(q)}(x)) + \cdots\cdots + c_2(2f_j^{(1)}(x) + xf_j^{(2)}(x))$
$\quad + c_1(f_j^{(0)}(x) + xf_j^{(1)}(x)) + c_0 xf_j^{(0)}(x)$

であり，x の付いていない項と付いた項とに分けて

$= (qc_q f_j^{(q-1)}(x) + \cdots\cdots + 2c_2 f_j^{(1)}(x) + c_1 f_j^{(0)}(x))$
$\quad + x(c_q f_j^{(q)}(x) + \cdots\cdots + c_2 f_j^{(2)}(x) + c_1 f_j^{(1)}(x) + c_0 f_j^{(0)}(x))$
$= 0$

となる．これで「$i=j$ で成立すれば $i=j+1$ でも成立する」が示された．

1)，2) から，数学的帰納法により，題意は示された．

∗　　　　　　　　　∗

注　大人になると，"微分作用素" の考え方により，もっとスッキリと証明できる．

ライプニッツの公式の証明

$N=1$ のときは積の微分公式そのものである．

$N=m$ で成り立てば，$N=m+1$ のとき，

$(a(x)\cdot b(x))^{(m+1)} = \{(a(x)\cdot b(x))^{(m)}\}^{(1)} = \left(\sum_{k=0}^{m} {}_m\mathrm{C}_k \cdot a^{(k)}(x)\cdot b^{(m-k)}(x)\right)'$
$= \sum_{k=0}^{m} {}_m\mathrm{C}_k \cdot \{a^{(k+1)}(x)\cdot b^{(m-k)}(x) + a^{(k)}(x)\cdot b^{(m-k+1)}(x)\}$
$= a^{(0)}(x)\cdot b^{(m+1)}(x) + \sum_{l=1}^{m}({}_m\mathrm{C}_{l-1} + {}_m\mathrm{C}_l) a^{(l)}(x)\cdot b^{(m+1-l)}(x) + a^{(m+1)}(x)\cdot b^{(0)}(x)$
$= {}_{m+1}\mathrm{C}_0 a^{(0)}(x)\cdot b^{(m+1)}(x) + \sum_{l=1}^{m} {}_{m+1}\mathrm{C}_l a^{(l)}(x)\cdot b^{(m+1-l)}(x) + {}_{m+1}\mathrm{C}_{m+1} a^{(m+1)}(x)\cdot b^{(0)}(x)$
$= \sum_{l=0}^{m+1} {}_{m+1}\mathrm{C}_l \cdot a^{(l)}(x)\cdot b^{(m+1-l)}(x)$

より，成り立つ．

数学的帰納法により，すべての自然数 N で成り立つことが示された．

※　右のように，パスカルの三角形で二項定理を考えるのと同様に理解できる．

$a^{(0)}b^{(0)}$
$a^{(0)}b^{(1)} \quad a^{(1)}b^{(0)}$
$a^{(0)}b^{(2)} \quad 2a^{(1)}b^{(1)} \quad a^{(2)}b^{(0)}$
$a^{(0)}b^{(3)} \quad 3a^{(1)}b^{(2)} \quad 3a^{(2)}b^{(1)} \quad a^{(3)}b^{(0)}$
$a^{(0)}b^{(4)} \quad 4a^{(1)}b^{(3)} \quad 6a^{(2)}b^{(2)} \quad 4a^{(3)}b^{(1)} \quad a^{(4)}b^{(0)}$
$\cdots\cdots$

6 微分可能な関数 $f(x)$ に対し,$g(x)=f(x)e^{-x}$ とするとき次の問いに答えよ.
(1) $f'(x)=f(x)+g'(x)e^x$ であることを示せ.
(2) ある定数 a に対し,等式
$$f(x)=\int_a^x \{f(t)-4te^{-t}\}dt$$
が成立し,かつ $f(0)=1$ であるとき,$f(x)$ および a の値を求めよ.

解答

(1) $g'(x)=f'(x)e^{-x}+f(x)(-e^{-x})$ $\therefore$ $f'(x)=f(x)+g'(x)e^x$

が成り立つ.

(2) 微分と代入で積分を消去する.
$$f(x)=\int_a^x \{f(t)-4te^{-t}\}dt \iff f'(x)=f(x)-4xe^{-x},\ f(a)=0$$
である.(1) より,
$$f(x)+g'(x)e^x=f(x)-4xe^{-x} \quad \therefore \quad g'(x)=-4xe^{-2x}$$
である.積分定数を C として
$$g(x)=\int(-4)xe^{-2x}dx=2xe^{-2x}-\int 2e^{-2x}dx$$
$$=2xe^{-2x}+e^{-2x}+C$$
と表すことができ,
$$f(x)=2xe^{-x}+e^{-x}+Ce^x$$
と表せる.$f(0)=1$ であるから,$C=0$ であり,
$$f(x)=2xe^{-x}+e^{-x}$$
である.$f(a)=0$ であるから,
$$2ae^{-2a}+e^{-2a}=0 \quad \text{i.e. } a=-\frac{1}{2}$$
である.

* *

本問は積分方程式方程式の皮をかぶった微分方程式である.

同じ関数同士は微分しても等しいが,導関数が等しいからと言って元々が同じ関数とは限らない.そこをクリアにするために,どこかの x で値が一致するように設定している.

III．解答編　1．基本計算

> 7　微分可能な関数 $f(x)$, $g(x)$ が $g(0)=1$ および
> $$f(x)=g(x)+3\int_0^x e^{t-x}f(t)dt$$
> を満たしているとする．
> (1) $f'(x)=2f(x)+h(x)$ を満たす関数 $h(x)$ を，$g(x)$ と $g'(x)$ を用いて表せ．
> (2) $e^{-2x}f(x)$ の導関数を，$g(x)$, $g'(x)$ および e^{-2x} を用いて表せ．
> (3) $e^{-2x}f(x)$ が定数関数のとき，$e^x g(x)$ も定数関数であることを示せ．また，このときの $g(x)$ および $f(x)$ を求めよ．
> (4) $g(x)=x^2+1$ のとき，$f(x)$ を求めよ．

(1) $\quad f(x)=g(x)+3e^{-x}\int_0^x e^t f(t)dt$

$\iff f'(x)=g'(x)-3e^{-x}\int_0^x e^t f(t)dt+3e^{-x}\cdot e^x f(x),\ f(0)=g(0)$

である．$f(0)=g(0)=1$ である．元の条件を代入して

$f'(x)=g'(x)+(g(x)-f(x))+3f(x)\quad\therefore\quad h(x)=f'(x)-2f(x)=g(x)+g'(x)$

である．

(2) $\quad (e^{-2x}f(x))'=-2e^{-2x}f(x)+e^{-2x}f'(x)=e^{-2x}h(x)=e^{-2x}(g(x)+g'(x))$

(3) $e^{-2x}f(x)$ が定数関数のとき，$(e^{-2x}f(x))'=0$ である．$e^{-2x}\neq 0$ より，

$(e^{-2x}f(x))'=0 \iff g(x)+g'(x)=0 \iff (e^x g(x))'=e^x g(x)+e^x g'(x)=0$

である．よって，$e^x g(x)$ も定数関数である．$x=0$ において $e^0 g(0)=1$ であるから，

$e^x g(x)=1\quad\therefore\quad g(x)=e^{-x}$

である．また，$f(x)=Ae^{2x}$ と表せる．$f(0)=1$ であるから，$f(x)=e^{2x}$ である．

(4) $g(x)=x^2+1$ のとき，

$h(x)=x^2+1+(x^2+1)'=x^2+2x+1=(x+1)^2$

$\therefore\quad (e^{-2x}f(x))'=e^{-2x}(x+1)^2$

である．$e^0 f(0)=1$ であるから，

$\begin{aligned}e^{-2x}f(x)&=\int_0^x e^{-2t}(t+1)^2 dt+1\\&=-\frac{1}{2}\bigl[e^{-2t}(t+1)^2\bigr]_0^x+\frac{1}{2}\cdot 2\int_0^x e^{-2t}(t+1)dt+1\\&=-\frac{e^{-2x}(x+1)^2-1}{2}-\frac{1}{2}\bigl[e^{-2t}(t+1)\bigr]_0^x+\frac{1}{2}\int_0^x e^{-2t}dt+1\end{aligned}$

47

$$= -\frac{e^{-2x}(x+1)^2-1}{2} - \frac{e^{-2x}(x+1)-1}{2} - \frac{1}{4}[e^{-2t}]_0^x + 1$$
$$= -\frac{e^{-2x}(x+1)^2-1}{2} - \frac{e^{-2x}(x+1)-1}{2} - \frac{e^{-2x}-1}{4} + 1$$

である．よって，

$$f(x) = e^{2x}\left(-\frac{e^{-2x}(x+1)^2-1}{2} - \frac{e^{-2x}(x+1)-1}{2} - \frac{e^{-2x}-1}{4} + 1\right)$$
$$= \frac{9}{4}e^{2x} - \frac{2x^2+6x+5}{4}$$

*   *

(4) の解答では，積分定数 C を用いずに，$x=0$ で 1 になることを利用した．つまり，積分区間を $[0, x]$ とし，最後に"$+1$"を付けた．こうするときは，積分変数を x にするのは好ましくないので，ここでは t にしておいた．

積分方程式の変形を

$$f(x) = g(x) + 3e^{-x}\int_0^x e^t f(t)dt$$
$$\iff f'(x) = g'(x) - 3e^{-x}\int_0^x e^t f(t)dt + 3e^{-x}\cdot e^x f(x),\ f(0)=g(0)$$

から，さらに進めてみよう．(4) の設定のもとで進めると

$$f(0)=1,\ (3f(x)-f'(x)+2x)e^x = 3\int_0^x e^t f(t)dt$$
$$\iff f(0)=1,\ 3-f'(0)=0,\ (3f'(x)-f''(x)+2)e^x+(3f(x)-f'(x)+2x)e^x=3e^x f(x)$$
$$\iff f(0)=1,\ f'(0)=3,\ f''(x)=2f'(x)+2x+2$$

となる．$f'(x)$ についてのシンプルな微分方程式であるが，"$+2x+2$"が邪魔である．漸化式の場合と同様，1次式を組み込んだ関数を考えて，微分方程式がシンプルになるように置き換えたい．つまり，

$$k(x) = f'(x) - (ax+b)$$

と置いてみる．$f''(x) = k'(x) + a$ であるから，微分方程式に代入すると，

$$k'(x)+a = 2(k(x)+ax+b)+2x+2\quad \therefore\quad k'(x) = 2k(x) + 2(a+1)x - a + 2b + 2$$

である．

$$a+1=0,\ -a+2b+2=0\quad \text{i.e.}\quad a=-1,\ b=-\frac{3}{2}$$

とすると，

$$k'(x) = 2k(x)\quad \iff\quad \exists A \in \mathbb{R},\ k(x) = Ae^{2x}$$

である．よって，

$$f'(x) = Ae^{2x} - x - \frac{3}{2}$$

である．$f'(0) = 3$ および $f(0) = 1$ より

$$f'(x) = \frac{9}{2}e^{2x} - x - \frac{3}{2}$$

$$f(x) = \int_0^x \left(\frac{9}{2}e^{2t} - t - \frac{3}{2}\right)dt + 1 = \left[\frac{9}{4}e^{2t} - \frac{1}{2}t^2 - \frac{3}{2}t\right]_0^x + 1$$

$$= \frac{9}{4}e^{2x} - \frac{1}{2}x^2 - \frac{3}{2}x - \frac{5}{4}$$

である．ちゃんと同じ $f(x)$ が求まった．

漸化式で

$$a_{n+1} = 2a_n + n$$

といった形のとき，

$$a_{n+1} + n + 2 = 2(a_n + n + 1)$$

と変形して処理することがある．これと似ている．

あるいは，

$$a_{n+2} = 2a_{n+1} + n + 1$$

との差をとって，

$$a_{n+2} - a_{n+1} = 2(a_{n+1} - a_n) + 1$$

として，階差数列の漸化式を作ることもある．

階差数列は微分，和は積分．

この計算との類似は，先ほど，もう一度微分して，積分を完全に消去した計算であろう．

お世話になった物理講師 N さんは「微分方程式は無限小区間における漸化式である」と，言い得て妙な説明をされていた．

微分方程式と漸化式で類似のことができるというのは，数学においてそれらが"自然"であるということである．自然なことをやっていると，自然と数学の世界は広がっていく．筆者の力ではそこまで壮大な話を書くことはできないが，その世界の一端を垣間見てもらえるように，「Ⅳ．補講　5．漸化式と微分方程式」を頑張って書きたいと思っている．

2．論証系

[1] 関数 $f(x)$ は2次の導関数をもち，$f''(x) \geqq -f(x)$ が $0 \leqq x \leqq \pi$ において成り立ち，$f(0) = 0$ であるものとする．

(1) $\displaystyle\lim_{x \to 0} \frac{f(x)}{\sin x} = f'(0)$ が成り立つことを示せ．

(2) $0 \leqq x \leqq \pi$ において，$f'(x)\sin x - f(x)\cos x \geqq 0$ が成り立つことを示せ．

(3) $0 < x < \pi$ において，$\dfrac{f(x)}{\sin x} \geqq f'(0)$ が成り立つことを示せ．

(4) 特に $f''(x)$ が恒等的に $-f(x)$ に等しいとき，$0 \leqq x \leqq \pi$ において $f(x) = f'(0)\sin x$ であることを示せ．

解答

(1) $\displaystyle\lim_{x \to 0} \frac{f(x)}{\sin x} = \lim_{x \to 0} \frac{x}{\sin x} \cdot \frac{f(x) - f(0)}{x} = f'(0)$

である（$\because f(x)$ は微分可能）．

(2) $g(x) = f'(x)\sin x - f(x)\cos x$

とおくと，

$g'(x) = \{f''(x)\sin x + f'(x)\cos x\} - \{f'(x)\cos x - f(x)\sin x\}$
$= \{f''(x) + f(x)\}\sin x \geqq 0 \quad (0 \leqq x \leqq \pi)$

より，$0 \leqq x \leqq \pi$ において $g(x)$ は単調増加である．

$g(0) = f'(0)\sin 0 - f(0)\cos 0 = 0 \quad \therefore \quad g(x) \geqq 0 \quad (0 \leqq x \leqq \pi)$

が成り立つ．よって，題意は示された．

(3) $h(x) = \dfrac{f(x)}{\sin x} \quad (0 < x < \pi)$

とおくと，

$h'(x) = \dfrac{f'(x)\sin x - f(x)\cos x}{\sin^2 x} = \dfrac{g(x)}{\sin^2 x} \geqq 0 \quad (0 < x < \pi)$

より，$0 < x < \pi$ において $h(x)$ は単調増加である．さらに，(1) より，

$h(x) = \dfrac{f(x)}{\sin x} \geqq f'(0)$

が成り立つ．よって，題意は示された．

(4) $f''(x) = -f(x) \quad (0 \leqq x \leqq \pi)$

のとき，(2) において，

$g'(x) = 0 \quad \therefore \quad g(x) = g(0) = 0 \quad (0 \leqq x \leqq \pi)$

III. 解答編　2. 論証系

である．さらに，(3) において，
$$h'(x) = 0 \quad (0 < x < \pi)$$
となり，$h(x)$ $(0 < x < \pi)$ は一定である (その一定値を C とおく)．すると，
$$h(x) = C \to C \ (x \to +0) \quad \therefore \quad C = f'(0) \quad (\because (1))$$
となり，
$$h(x) = f'(0) \quad \therefore \quad f(x) = f'(0)\sin x \quad (0 < x < \pi)$$
である．$f(x)$ は $0 \leq x \leq \pi$ において連続であるから，
$$f(x) = f'(0)\sin x \quad (0 \leq x \leq \pi)$$
である．

*　　　　　　　　　　　*

※以下，高校範囲でないので，不要なら飛ばしても OK です！

(4) を用いて，線形微分方程式の特性解が虚数の場合を見ておこう．

線形微分方程式 $f''(x) = -f(x)$ の特性解は，
$$x^2 = -1 \quad \text{i.e.} \quad x = i, -i$$
である．すると，$-1 = i^2$ より，$f''(x) = i^2 f(x)$ で，これを変形すると，

・$f''(x) + if'(x) = if'(x) + i^2 f(x) \iff (f'(x) + if(x))' = i(f'(x) + if(x))$

・$f''(x) - if'(x) = -if'(x) + i^2 f(x) \iff (f'(x) - if(x))' = -i(f'(x) - if(x))$

$\therefore \quad \exists A, B \in \mathbb{C}, \ f'(x) + if(x) = Ae^{ix}, \ f'(x) - if(x) = Be^{-ix}$

となる ($A, B \in \mathbb{R}$ では $f(x)$ が実数値とは限らないので，係数を $A, B \in \mathbb{C}$ としている)．

ここで，e^{ix} は複素指数関数で，

$$\boxed{\text{オイラーの公式：} e^{ix} = \cos x + i\sin x}$$

を満たす．直感的には，
$$(\cos x + i\sin x)' = -\sin x + i\cos x = i(\cos x + i\sin x)$$
から「正しそうだ」と感じてもらえるだろう．また，以下が成り立つ：

$$e^{-ix} = \cos(-x) + i\sin(-x) = \cos x - i\sin x,$$
$$\cos x = \frac{e^{ix} + e^{-ix}}{2}, \ \sin x = \frac{e^{ix} - e^{-ix}}{2i}$$

51

話を戻す．$x=0$ とすると，$f(0)=0$ より，
$$f'(0)+if(0)=Ae^0, \ f'(0)-if(0)=Be^0 \quad \therefore \quad A=B=f'(0)$$
である．ゆえに，
$$f'(x)+if(x)=f'(0)e^{ix}, \ f'(x)-if(x)=f'(0)e^{-ix}$$
となり，2 式を引いて $2i$ で割ると，
$$2if(x)=f'(0)(e^{ix}-e^{-ix}) \iff f(x)=\frac{f'(0)(e^{ix}-e^{-ix})}{2i}=f'(0)\sin x$$
である．

* *

> 一般的に，線形微分方程式 (*) が $x=a\pm bi \ (a, b\in \mathbb{R})$ を特性解にもつとき，
> $$e^{(a\pm bi)x}=e^{ax}e^{\pm bi}=e^{ax}(\cos bx \pm i\sin bx)$$
> は (*) を満たす．実数値関数にするには，係数が調整されて，
> $$e^{ax}\cos bx, \ e^{ax}\sin bx$$
> が (*) を満たす．

次で線形微分方程式についてもう 1 つだけ考えよう (これ以上の深入りはしない)．

例題
次の微分方程式を解け．
$$f^{(3)}(x)=f(x), \ f(0)=0, \ f^{(1)}(0)=1, \ f^{(2)}(0)=1$$

解答

特性解は
$$x^3=1 \quad \text{i.e.} \quad (x-1)(x^2+x+1)=0 \quad \therefore \quad x=1, \ \frac{-1\pm\sqrt{3}i}{2}$$
である．虚数解の 1 つを ω とおくと他方は ω^2 である．順に変形していくと，

・ $f^{(3)}(x)=f(x) \iff f^{(3)}(x)+f^{(1)}(x)=f^{(1)}(x)+f(x)$
$\iff f^{(3)}(x)+f^{(2)}(x)+f^{(1)}(x)=f^{(2)}(x)+f^{(1)}(x)+f(x)$
$\iff (f^{(2)}(x)+f^{(1)}(x)+f(x))'=f^{(2)}(x)+f^{(1)}(x)+f(x)$
$\therefore \quad \exists A\in\mathbb{R}, \ f^{(2)}(x)+f^{(1)}(x)+f(x)=Ae^x$

- $f^{(3)}(x) = f(x) \iff f^{(3)}(x) = \omega^3 f(x) \iff f^{(3)}(x) + \omega^2 f^{(1)}(x) = \omega^2 f^{(1)}(x) + \omega^3 f(x)$
$\iff f^{(3)}(x) + \omega f^{(2)}(x) + \omega^2 f^{(1)}(x) = \omega f^{(2)}(x) + \omega^2 f^{(1)}(x) + \omega^3 f(x)$
$\iff (f^{(2)}(x) + \omega f^{(1)}(x) + \omega^2 f(x))' = \omega(f^{(2)}(x) + \omega f^{(1)}(x) + \omega^2 f(x))$
$\therefore \exists B \in \mathbb{C},\ f^{(2)}(x) + \omega f^{(1)}(x) + \omega^2 f(x) = Be^{\omega x}$

となり，同様に，

- $\exists C \in \mathbb{C},\ f^{(2)}(x) + \omega^2 f^{(1)}(x) + \omega f(x) = Ce^{\omega^2 x}$

である．

それぞれ $x = 0$ を代入して，
$$A = 2,\ B = \omega + 1,\ C = \omega^2 + 1$$
である．

第2式，第3式にそれぞれ ω，ω^2 をかけて，第1式とともに3式を加えると，$\omega^3 = 1$ と $\omega^2 + \omega + 1 = 0$ に注意して，

$$f^{(2)}(x) + f^{(1)}(x) + f(x) = 2e^x$$
$$\omega f^{(2)}(x) + \omega^2 f^{(1)}(x) + f(x) = \omega(\omega+1)e^{\omega x}$$
$$+)\ \omega^2 f^{(2)}(x) + \omega f^{(1)}(x) + f(x) = \omega^2(\omega^2+1)e^{\omega^2 x}$$
$$\overline{}$$
$$3f(x) = 2e^x + (\omega^2+\omega)e^{\omega x} + (\omega^2+\omega)e^{\omega^2 x}$$
$$= 2e^x - (e^{\omega x} + e^{\omega^2 x})$$

$\therefore\ f(x) = \dfrac{2e^x - (e^{\omega x} + e^{\omega^2 x})}{3} = \dfrac{2e^x - \left(e^{-\frac{1}{2}x}e^{\frac{\sqrt{3}}{2}xi} + e^{-\frac{1}{2}x}e^{-\frac{\sqrt{3}}{2}xi}\right)}{3}$

$\qquad = \dfrac{2e^x - 2e^{-\frac{1}{2}x}\cos\dfrac{\sqrt{3}}{2}x}{3}$

である．

*　　　　　　　　　*

補足

大人になると…

特性解から $f(x)$ は
$$f(x) = ae^x + be^{-\frac{1}{2}x}\cos\dfrac{\sqrt{3}}{2}x + ce^{-\frac{1}{2}x}\sin\dfrac{\sqrt{3}}{2}x\ (a,\ b,\ c \in \mathbb{R})$$
とおけて，初期条件から係数を決定できる．

2 実数全体で定義された関数 $f(x)$ は微分可能で，$f'(x) \geq f(x)$ がつねに成り立つものとする．また，実数全体で定義された関数 $g(x)$ は第 2 次導関数をもち，$g(0)=0$ で，$g''(x) \geq g(x)$ がつねに成り立つものとする．このとき，次の問いに答えよ．

(1) $(f(x)e^{-x})' \geq 0$ が成り立つことを示せ．また，特に，$f'(x) = f(x)$ が恒等的に成り立つとき，$f(x) = f(0)e^x$ であることを示せ．

(2) $x > 0$ において $\left(\dfrac{g(x)}{e^x - e^{-x}}\right)' \geq 0$ であることを示せ．

(3) 特に，$g''(x) = g(x)$ が恒等的に成り立つとき，$x \geq 0$ において $g(x) = \dfrac{g'(0)(e^x - e^{-x})}{2}$ であることを示せ．

解答

(1) $f'(x) \geq f(x)$ より，
$$(f(x)e^{-x})' = f'(x)e^{-x} - f(x)e^{-x} = \{f'(x) - f(x)\}e^{-x} \geq 0$$
が成り立つ．

特に，$f'(x) = f(x)$ であれば，
$$(f(x)e^{-x})' = 0$$
より，$f(x)e^{-x}$ は定数であり，
$$f(x)e^{-x} = f(0)e^0 \quad \therefore \quad f(x) = f(0)e^x$$
が成り立つ．

(2) $\left(\dfrac{g(x)}{e^x - e^{-x}}\right)' = \dfrac{g'(x)(e^x - e^{-x}) - g(x)(e^x + e^{-x})}{(e^x - e^{-x})^2}$

である $(x > 0)$．ゆえに，分子を $h(x)$ とおき，それが 0 以上であることを示せば良い．

$h'(x) = \{g''(x)(e^x - e^{-x}) + g'(x)(e^x + e^{-x})\} - \{g'(x)(e^x + e^{-x}) + g(x)(e^x - e^{-x})\}$
$= \{g''(x) - g(x)\}(e^x - e^{-x}) \geq 0 \quad (x > 0)$

より，$h(x)$ は単調増加であり，
$$h(0) = g'(0)(e^0 - e^0) - g(0)(e^0 + e^0) = 0 \quad \therefore \quad h(x) \geq 0 \quad (x > 0)$$
が成り立つ．よって，題意は示された．

(3) 特に，$g''(x) = g(x)$ であれば，
$$h'(x) = 0$$
より，$h(x)$ は定数であり，

$$h(x) = h(0) = 0 \quad \therefore \quad \left(\frac{g(x)}{e^x - e^{-x}}\right)' = 0 \quad (x > 0)$$

が成り立つ．すると，$x > 0$ において，実数 C を用いて

$$\frac{g(x)}{e^x - e^{-x}} = C \quad \text{i.e.} \quad g(x) = C(e^x - e^{-x})$$

と表すことができる（これは $x = 0$ においても成り立つ）．さらに，

$$g'(x) = C(e^x + e^{-x}) \quad \therefore \quad C = \frac{g'(0)}{2}$$

であるから，

$$g(x) = \frac{g'(0)(e^x - e^{-x})}{2} \quad (x \geqq 0)$$

が成り立つ．

注　(3) は，線形微分方程式 $g''(x) = g(x)$ を解けば良いので，基本計算 5 の補足で述べた解法でも良い．

3 以下の問に答えよ.
(1) a, b, c, d を実数とし, $b > 0, d < 0$ とする. 関数 $f(x) = ae^{bx} + ce^{dx}$ が
$$f''(x) = 4f(x), \ f(0) = 1, \ f'(0) = 6$$
を満たすという. a, b, c, d の値を求めよ.

(2) a, b, c, d を実数とし, b, d は正とする. 関数 $f(x) = a\sin(bx) + c\cos(dx)$ が
$$f''(x) = -4f(x), \ f(0) = 2, \ f'(0) = 6$$
を満たすという. a, b, c, d の値を求めよ.

解答

(1) $f'(x) = abe^{bx} + cde^{dx}, \ f''(x) = ab^2 e^{bx} + cd^2 e^{dx}$

より, a, b, c, d が満たす条件は

$$ab^2 e^{bx} + cd^2 e^{dx} = 4ae^{bx} + 4ce^{dx}, \ a + c = 1, \ ab + cd = 6$$

である. 1つ目の条件を変形すると,

$$a(b^2 - 4)e^{bx} + c(d^2 - 4)e^{dx} = 0 \quad \cdots\cdots (*)$$

となる. これが x についての恒等式となる a, b, c, d を求める.

$b > 0, d < 0$ より, $x \to \infty$ とすると

(右辺) $\to 0, \ e^{bx} \to \infty, \ e^{dx} \to 0$

であり, $x \to -\infty$ とすると

(右辺) $\to 0, \ e^{bx} \to 0, \ e^{dx} \to \infty$

なので, $(*)$ が成り立つためには,

$$a(b^2 - 4) = 0 \quad \text{かつ} \quad c(d^2 - 4) = 0$$

が必要である (さもなくば, 恒等式でない).

$a = 0$ としたら, $c = 1, d = 6$ となり, $c(d^2 - 4) = 0$ が成り立たない.

$c = 0$ としたら, $a = 1, b = 6$ となり, $a(b^2 - 4) = 0$ が成り立たない.

$b > 0, d < 0$ より,

$$b = 2, \ d = -2, \ a + c = 1, \ 2a - 2c = 6$$

∴ $a = 2, \ b = 2, \ c = -1, \ d = -2$

である (必要).

逆に, $f(x) = 2e^{2x} - e^{-2x}$ としたら,

$$f'(x) = 4e^{2x} + 2e^{-2x}, \ f''(x) = 8e^{2x} - 4e^{-2x}$$

より,
$$f''(x) = 4f(x),\ f(0) = 1,\ f'(0) = 6$$
が成り立ち,十分である.

よって,
$$a = 2,\ b = 2,\ c = -1,\ d = -2$$
である.

注 x の恒等式 (∗) から,係数比較で
$$a(b^2 - 4) = 0 \quad \text{かつ} \quad c(d^2 - 4) = 0$$
とするのは良くない."多項式"以外の恒等式で係数比較は **NG** である.

他の方法としては,「変化するのを 1 カ所にする」というものがある.

別解

………

(∗) の両辺を $e^{dx}\ (\neq 0)$ で割ると,x についての条件として
$$(*) \iff a(b^2 - 4)e^{(b-d)x} + c(d^2 - 4) = 0$$
である.$b > 0,\ d < 0$ より $b - d \neq 0$ なので,(∗) が恒等式となるための $a,\ b,\ c,\ d$ の条件は
$$a(b^2 - 4) = 0 \quad \text{かつ} \quad c(d^2 - 4) = 0$$
である (さもなくば,恒等式でない).

$a = 0$ としたら,$c = 1,\ d = 6$ となり,$c(d^2 - 4) = 0$ が成り立たない.

$c = 0$ としたら,$a = 1,\ b = 6$ となり,$a(b^2 - 4) = 0$ が成り立たない.

$b > 0,\ d < 0$ より,
$$b = 2,\ d = -2,\ a + c = 1,\ 2a - 2c = 6$$
∴ $a = 2,\ b = 2,\ c = -1,\ d = -2$
である (必要十分).

注 この方法は常に使えるわけではない.例えば,項数が多くなると無理になる.

(2) $f'(x) = ab\cos(bx) - cd\sin(dx)$, $f''(x) = -ab^2\sin(bx) - cd^2\cos(dx)$

より，a, b, c, d が満たす条件は

$$ab^2\sin(bx) + cd^2\cos(dx) = 4a\sin(bx) + 4c\cos(dx),\ c = 2,\ ab = 6$$

である．1つ目の条件を変形すると，

$$a(b^2 - 4)\sin(bx) + c(d^2 - 4)\cos(dx) = 0 \quad \cdots\cdots (*)$$

となる (x についての恒等式)．$x = 0$ で成り立つから，

$$c(d^2 - 4) = 0 \quad \therefore\quad d = 2 \quad (\because c = 2,\ d > 0)$$

が必要である．すると，

$$a(b^2 - 4)\sin(bx) = 0$$

より，

$$a(b^2 - 4) = 0$$

が必要である．$ab = 6$ より，$a \neq 0$ であり，$b > 0$ より，

$$b = 2,\ a = 3$$

である．以上から，

$$a = 3,\ b = 2,\ c = 2,\ d = 2$$

である (必要)．

逆に，$f(x) = 3\sin(2x) + 2\cos(2x)$ としたら，

$$f'(x) = 6\cos(2x) - 4\sin(2x),\ f''(x) = -12\sin(2x) - 8\cos(2x)$$

より，

$$f''(x) = -4f(x),\ f(0) = 2,\ f'(0) = 6$$

が成り立ち，十分である．

よって，

$$a = 3,\ b = 2,\ c = 2,\ d = 2$$

である．

注 x の恒等式 $(*)$ から，係数比較で

$$a(b^2 - 4) = 0 \quad \text{かつ} \quad c(d^2 - 4) = 0$$

とするのは，やはり良くない．

「変化するのを1カ所にする」と…

別解

………

$\cos(dx) \neq 0$ なる x についての条件として，$(*)$ の両辺を $\cos(dx)$ で割ると，

$$(*) \iff a(b^2-4)\frac{\sin(bx)}{\cos(dx)}+c(d^2-4)=0$$

となるので，$(*)$ が恒等式となるための a, b, c, d の条件は

$$a(b^2-4)=0 \quad \text{かつ} \quad c(d^2-4)=0$$

である (さもなくば，恒等式でない)．

………

$$* \qquad\qquad\qquad *$$

もしも $b=d$, $(a, b) \neq (0, 0)$ が分かっていたら…

$$a(b^2-4)\sin(bx)+c(b^2-4)\cos(bx)=(b^2-4)\sqrt{a^2+c^2}\sin(bx+\alpha)$$

$$\left(\cos\alpha=\frac{a}{\sqrt{a^2+c^2}},\ \sin\alpha=\frac{c}{\sqrt{a^2+c^2}}\right)$$

と合成でき，「$b^2-4=0$ または $a^2+c^2=0$」でないならば，定数にはならない (必要)．逆は明白である (十分)．

$$* \qquad\qquad\qquad *$$

次のような，「恒等式＝微分＋代入」による変形は OK である：

a, b, c, d についての条件として

$$\forall x \in \mathbb{R},\ (*) \iff \forall x \in \mathbb{R},\ ab(b^2-4)\cos(bx)-cd(d^2-4)\cos(dx)=0 \quad \text{かつ}$$

$$c(d^2-4)=0 \quad (x=0)$$

$\therefore \quad ab(b^2-4)=0 \quad \text{かつ} \quad c(d^2-4)=0$

☆ 「十分性」の確認は容易である．「必要性」の証明を雑にしてしまうことのないように気をつけよう．

> [4] 定数 a $(a \geq 0)$ および b が与えられている．$x \geq 0$ で定義された関数 $y = f(x)$ で，下の2つの条件 ①，② を満たすものを決定せよ．
> ① $f(x)$ は $x \geq 0$ で連続，$x > 0$ で微分可能
> ② $b\int_a^x f(t)\,dt = xf(x)$

解答

① より，$f(x)$ は $x > 0$ において微分可能であるから，$x > 0$ において

$$② \iff bf(x) = f(x) + xf'(x) \quad \text{かつ} \quad af(a) = 0$$

である ($\because$ 微分と $x = 0$ の代入)．

関数 $f(x) = 0$ $(x \geq 0)$ はこれを満たす．

$f(x) \not\equiv 0$ $(x \geq 0)$ のとき，$x > 0$ において，

$$bf(x) = f(x) + xf'(x) \iff \frac{f'(x)}{f(x)} = \frac{b-1}{x} \iff \frac{d}{dx}\log|f(x)| = \frac{b-1}{x}$$

$$\iff \exists C \in \mathbb{R}, \quad \log|f(x)| = (b-1)\log|x| + C = (b-1)\log x + C$$

$$\therefore \quad \exists C \in \mathbb{R}, \quad f(x) = Ax^{b-1} \quad (A = \pm e^C)$$

となる．

$f(x) = 0$ のときも $A = 0$ として成り立つので，$x > 0$ において

$$f(x) = Ax^{b-1} \quad (A \in \mathbb{R})$$

とおくことができる．この $f(x)$ が $x = 0$ において定義され，連続であることが必要である．

- $b < 1$ とする．$A \neq 0$ ならば，

$$f(x) \to \infty \quad \text{または} \quad -\infty \quad (x \to +0)$$

となり，$f(0)$ が定義できない．よって，$A = 0$ であり，

$$f(x) = 0 \quad (x \geq 0)$$

である．これは ①，② を満たし，十分である．

- $b \geq 1$ のとき，

$$f(x) = Ax^{b-1} \quad (x > 0)$$

を $x = 0$ へ拡張できる（ただし，$b = 1$ のときの関数 Ax^0 の値は $x = 0$ でも A とする）．

$$f(x) = Ax^{b-1} \quad (x \geq 0)$$

は ①，$bf(x) = f(x) + xf'(x)$ を満たすので，$af(a) = 0$ を満たせば十分である．そのような A を特定する．

○ $a \neq 0$ (i.e. $a > 0$) のとき,
$$f(a) = 0$$
であるから,
$$Aa^{b-1} = 0 \quad \text{i.e.} \quad A = 0 \quad \therefore \quad f(x) = 0 \quad (x \geq 0)$$
である.

○ $a = 0$ のとき, A は任意の実数である.

以上から,

☆ $a > 0$ または $b < 1$ のとき, $f(x) = 0$

☆ $a = 0$ かつ $b \geq 1$ のとき, $f(x) = Ax^{b-1}$ (A は任意の実数)

である.

注 「初期条件から $f(x) \neq 0$」とはできないから場合分けして考えた.「$f(x) = 0$ ($\forall x \geq 0$)」が解なので,『解の一意性』から,「ある $x = a$ で $f(a) = 0$ となれば, $f(x) = 0$ ($\forall x \geq 0$)」となる.

⑤ T を正の定数とする．閉区間 $[0, T]$ で定義された連続関数 $f(x)$ は，常に 0 以上の値をとるものとする．このとき，

$$f(t) \leq L\int_0^t f(x)\,dx \quad (t \in [0, T])$$

が成り立つような実数 L が存在すれば，$f(x)$ は恒等的に 0 であることを示せ．

解答

$$\varphi(t) = \int_0^t f(x)\,dx \quad (t \in [0, T])$$

とおくと，

$$\varphi'(t) = f(t), \ \varphi(0) = 0$$

である．

$$f(x) \geq 0 \quad (x \in [0, T])$$

より，$\varphi(t)$ は増加関数であり，

$$\varphi(t) \geq \varphi(0) = 0 \quad (t \in [0, T]) \quad \cdots\cdots\cdots \ ①$$

が成り立つ．

また，与えられた条件は，

$$\varphi'(t) \leq L\varphi(t) \iff \varphi'(t) - L\varphi(t) \leq 0$$

となる．$e^{-Lt} > 0$ をかけて，

$$e^{-Lt}\varphi'(t) - Le^{-Lt}\varphi(t) \leq 0 \quad \therefore \quad (e^{-Lt}\varphi(t))' \leq 0$$

である．ゆえに，$e^{-Lt}\varphi(t)$ は $[0, T]$ において単調減少であるから，

$$e^{-Lt}\varphi(t) \leq e^0 \varphi(0) = 0 \quad \therefore \quad \varphi(t) \leq 0 \quad (t \in [0, T]) \quad \cdots\cdots\cdots \ ②$$

が成り立つ．

①，② より，

$$\varphi(t) = 0 \quad \therefore \quad f(x) = \varphi'(x) = 0 \quad (x \in [0, T])$$

が成り立つ．

注 本問は微分不等式であるが，積の微分を作る解法は使用可能である．一方，$\varphi(t)$ で割り算して分離する解法では，0 になる x の有無，符号などの考察が必要で，面倒になる．実際，「割り算では処理しきれない」と考えておく方が安全であろう．

> [6] 2回微分可能な関数 $f(x)$ が,すべての実数 x について
> $$f(x)>0,\ f'(x)>f''(x)$$
> を満たしている.このとき,すべての実数 x について $f'(x)>0$ が成り立つことを示せ.

解答

積の微分の形を作ると,
$$f'(x)>f''(x) \iff e^{-x}f''(x)-e^{-x}f'(x)<0 \iff (e^{-x}f'(x))'<0$$
となるので,$e^{-x}f'(x)$ は(狭義)単調減少である.

「$f'(a) \leq 0$ となる a が存在する」と仮定して矛盾を導く.

このとき,$e^{-a}f'(a) \leq 0$ であるから,$x>a$ において
$$e^{-x}f'(x)<e^{-a}f'(a) \leq 0 \quad \therefore\ f'(x)<0$$
である.よって,
$$f''(x)<f'(x)<0 \quad (x>a)$$
である.特に,$f'(x)\ (x>a)$ は(狭義)単調減少である.

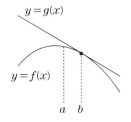

いま,$b>a$ なる b をとり,
$$g(x)=f'(b)(x-b)+f(b)$$
とおく ($y=f(x)$ の $(b, f(b))$ における接線).すると,$f(x)$ は微分可能なので,$b<x$ なる任意の x に対し,平均値の定理より,
$$\frac{f(x)-f(b)}{x-b}=f'(c),\ b<c<x$$
となる c が存在する.しかも,$f'(b)>f'(c)$ である.よって,$x>b$ において
$$g(x)-f(x)=f'(b)(x-b)-(f(x)-f(b))=(f'(b)-f'(c))(x-b)>0$$
$$\therefore\ f(x)<g(x)$$
が成り立つ.すると,$f'(b)<0$ より,
$$\lim_{x \to \infty} g(x)=-\infty \quad \therefore\ \lim_{x \to \infty} f(x)=-\infty$$
であるから,十分大きい x で $f(x)<0$ となってしまい,$f(x)>0$ という条件に反する.

よって,仮定は誤りで,$f'(x)>0$ が成り立つ.

注 本問のような抽象関数(具体的に "$f(x)=\sin x$" などのようには与えられていない関数)では,グラフを論拠にすることは避けるべきである.グラフを描けないような関数も存在するからである.

7 関数 $y=f(x)$ $(x \geqq 0)$ は次の条件 ①, ② を満たしている.

① $f(x)$ は微分可能で $f'(x)$ は連続, かつ $f(x) > 0$

② 正の定数 a があって $\int_0^x (f(t))^{-a} dt = \int_a^{f(x)} \left(e^{-\frac{t^2}{2}} + t^{-a} \right) dt$

(1) ② の等式の両辺を x について微分して得られる y の満たす微分方程式を書け. また, $f(0)$ の値を求めよ.

(2) 正の定数 b, c があって次の不等式 (イ), (ロ) を満たしていることを示せ.

(イ) $b \leqq f'(x) \leqq 1$

(ロ) $0 \leqq f(x) \left(\dfrac{1}{f'(x)} - 1 \right) \leqq c$

(3) $\displaystyle\lim_{x \to \infty} f'(x)$ を求めよ. また, $f'(x)$ の最小値を求めよ.

解答

(1) ② の両辺を x で微分して, 変形すると,

$$y^{-a} = \left(e^{-\frac{y^2}{2}} + y^{-a} \right) y' \iff y' = \frac{y^{-a}}{e^{-\frac{y^2}{2}} + y^{-a}} \quad \therefore\ y' = \frac{1}{y^a e^{-\frac{y^2}{2}} + 1}$$

となる. また, ② の両辺に $x=0$ を代入すると,

$$0 = \int_a^{f(0)} \left(e^{-\frac{t^2}{2}} + t^{-a} \right) dt$$

となり, $f(0) = a$ である. なぜなら, $f(0) \neq a$ としたら,

$f(0) > a$ ならば, $\int_a^{f(0)} \left(e^{-\frac{t^2}{2}} + t^{-a} \right) dt > 0$ $\left(\because\ e^{-\frac{t^2}{2}} + t^{-a} > 0\ (t \geqq 0) \right)$

$f(0) < a$ ならば, $\int_a^{f(0)} \left(e^{-\frac{t^2}{2}} + t^{-a} \right) dt < 0$

となり, いずれも不合理となるからである.

(2) (1) の分母に現れた関数を

$$\varphi(y) = y^a e^{-\frac{y^2}{2}} \quad (y > 0)$$

とおいて, 変域を調べる.

$$\frac{d}{dy}\varphi(y) = ay^{a-1} e^{-\frac{y^2}{2}} + y^a \left(-y e^{-\frac{y^2}{2}} \right)$$

$$= (a - y^2) y^{a-1} e^{-\frac{y^2}{2}}$$

より, 増減は右のようになり,

y	0	$\cdots$	$\sqrt{a}$	$\cdots$
$\dfrac{d}{dy}\varphi(y)$	/	$+$	0	$-$
$\varphi(y)$	/	↗		↘

$$0 < \varphi(y) \leqq \varphi(\sqrt{a}) = \sqrt{a}^a e^{-\frac{a}{2}} = \left(\sqrt{ae^{-1}}\right)^a$$

が成り立つ．よって，

$$\frac{1}{\left(\sqrt{ae^{-1}}\right)^a + 1} \leqq y' = \frac{1}{\varphi(y)+1} < 1 \quad \therefore \quad \exists b > 0, \ b \leqq f'(x) \leqq 1$$

が成り立ち，(イ) は示された．(ただし，y の変域が不明であるから，この不等式は変域になっているとは限らない)

次に，

$$y\left(\frac{1}{y'} - 1\right) = y \cdot y^a e^{-\frac{y^2}{2}} = y^{a+1} e^{-\frac{y^2}{2}}$$

において，

$$\eta(y) = y^{a+1} e^{-\frac{y^2}{2}} \quad (y > 0)$$

とおいて，変域を調べる．

$$\frac{d}{dy}\eta(y) = (a+1)y^a e^{-\frac{y^2}{2}} + y^{a+1}\left(-ye^{-\frac{y^2}{2}}\right) = (a+1-y^2)y^a e^{-\frac{y^2}{2}}$$

より，増減は右のようになる．よって，

$$0 < \eta(y) \leqq \eta(\sqrt{a+1}) = \sqrt{a+1}^{a+1} e^{-\frac{a+1}{2}}$$
$$= \left(\sqrt{(a+1)e^{-1}}\right)^{a+1}$$

y	0	$\cdots$	$\sqrt{a+1}$	$\cdots$
$\dfrac{d}{dy}\eta(y)$	/	$+$	0	$-$
$\eta(y)$	/	↗		↘

$$\therefore \quad \exists c > 0, \ 0 \leqq f(x)\left(\frac{1}{f'(x)} - 1\right) \leqq c$$

が成り立ち，(ロ) は示された．

(3) (2) の (ロ) と $f(x) > 0$ から，

$$0 \leqq \frac{1}{f'(x)} - 1 \leqq \frac{c}{f(x)}$$

となる．ここで，(イ) より，$x \geqq 0$ において

$$f'(x) \geqq b \quad \therefore \quad \int_0^x f'(t)\,dt \geqq \int_0^x b\,dt \iff f(x) - f(0) \geqq bx$$

が成り立つ．$b > 0$ より，

$$\lim_{x \to \infty} f(x) = +\infty \quad \therefore \quad \lim_{x \to \infty} \frac{c}{f(x)} = 0$$

なので，はさみうちの原理より，

$$\lim_{x \to \infty}\left(\frac{1}{f'(x)} - 1\right) = 0 \quad \therefore \quad \lim_{x \to \infty} f'(x) = 1$$

である．

次に，$f'(x)$ の最小値を求める．それは，$\varphi(y)$ が最大になるときにとるので，まず $f(x)(=y)$ の変域を求める．

$$f'(x) \geqq b > 0 \quad (\because (2) の (イ))$$

であるから，$f(x)$ は単調増加である．また，

$$f(0) = a, \quad \lim_{x \to \infty} f(x) = +\infty$$

であるから，$f(x)$ の変域は

$$f(x) \geqq a$$

である．

(2) での $\varphi(y)$ の増減表から，極大値をとる y が $y \geqq a$ の範囲にあるかどうかで場合分けして $\varphi(y)$ の最大値が分かるので，$f'(x)$ の最小値は，

・ $a \leqq \sqrt{a}$ (i.e. $0 < a \leqq 1$) のとき，$\dfrac{1}{\varphi(\sqrt{a})+1} = \dfrac{1}{\left(\sqrt{ae^{-1}}\right)^a + 1}$

・ $\sqrt{a} < a$ (i.e. $1 < a$) のとき，$\dfrac{1}{\varphi(a)+1} = \dfrac{1}{a^a e^{-\frac{a^2}{2}} + 1}$

である．

3. グラフ系

1 xy 平面において,曲線 $y = \dfrac{x^3}{6} + \dfrac{1}{2x}$ 上の点 $\left(1, \dfrac{2}{3}\right)$ を出発し,この曲線上を進む点 P がある.出発してから t 秒後の P の速度 $\vec{v}$ の大きさは $\dfrac{t}{2}$ に等しく,$\vec{v}$ の x 成分はつねに正または 0 であるとする.

(1) 出発してから t 秒後の P の位置を (x, y) として,x と t の間の関係式を求めよ.

(2) $\vec{v}$ がベクトル $(8, 15)$ と平行になるのは出発してから何秒後か.

解答

(1) 速度ベクトル $\vec{v}$ は

$$\vec{v} = \left(\dfrac{dx}{dt}, \dfrac{dy}{dt}\right) = \dfrac{dx}{dt}\left(1, \dfrac{dy}{dx}\right) = \dfrac{dx}{dt}\left(1, \dfrac{x^2}{2} - \dfrac{1}{2x^2}\right)$$

であるから,速さに関する条件は

$$|\vec{v}| = \left|\dfrac{dx}{dt}\right|\sqrt{1 + \left(\dfrac{x^2}{2} - \dfrac{1}{2x^2}\right)^2} = \dfrac{dx}{dt}\sqrt{\left(\dfrac{x^2}{2} + \dfrac{1}{2x^2}\right)^2} \quad \left(\because \dfrac{dx}{dt} \geq 0\right)$$

$$= \left(\dfrac{x^2}{2} + \dfrac{1}{2x^2}\right)\dfrac{dx}{dt} \quad \left(\because \dfrac{x^2}{2} + \dfrac{1}{2x^2} > 0\right)$$

$$\therefore \quad \left(\dfrac{x^2}{2} + \dfrac{1}{2x^2}\right)\dfrac{dx}{dt} = \dfrac{t}{2}$$

である.両辺を t で積分して,

$$\int \left(x^2 + \dfrac{1}{x^2}\right)\dfrac{dx}{dt}\, dt = \int t\, dt \quad \therefore \quad \dfrac{x^3}{3} - \dfrac{1}{x} = \dfrac{t^2}{2} + C$$

となる $C \in \mathbb{R}$ が存在する.初期条件:「$t = 0$ のとき $x = 1$」より,$C = \dfrac{1}{3} - 1 = -\dfrac{2}{3}$ であるから,t と x の間には

$$\dfrac{x^3}{3} - \dfrac{1}{x} = \dfrac{t^2}{2} - \dfrac{2}{3} \quad \therefore \quad t^2 = \dfrac{2}{3}x^3 - \dfrac{2}{x} + \dfrac{4}{3}$$

という関係式が成り立つ.

(2) $\vec{v}$ が $(8, 15)$ と平行になるのは,

$$\dfrac{x^2}{2} - \dfrac{1}{2x^2} = \dfrac{15}{8} \quad \text{i.e.} \quad 4x^4 - 15x^2 - 4 = 0$$

$$(4x^2 + 1)(x^2 - 4) = 0 \quad \therefore \quad x = 2 \quad (\because x \geq 1)$$

のときである.(1) より,$\vec{v}$ が $(8, 15)$ と平行になる時刻は,

$$t^2 = \dfrac{16}{3} - 1 + \dfrac{4}{3} = \dfrac{17}{3} \quad \therefore \quad t = \sqrt{\dfrac{17}{3}}$$

2 関数 $f(x)$ は微分可能で，つねに $f(x) > 0$ であり，曲線 $y = f(x)$ 上の任意の点 $(a, f(a))$ での接線が x 軸と $(a-1, 0)$ で交わるとする．また，$y = f(x)$ 上の点 $(-1, f(-1))$ での法線は原点 $(0, 0)$ を通るとする．$f(x)$ を求めよ．

解答

$(a, f(a))$ における接線の方程式は
$$y = f'(a)(x - a) + f(a)$$
である．これが $(a-1, 0)$ を通る条件は
$$0 = -f'(a) + f(a)$$
である．これが任意の a で成り立つこと，つまり，
$$f'(x) = f(x)$$
が，$f(x)$ の満たす条件である．

$f'(x) = f(x) \iff (e^{-x}f(x))' = e^{-x}f'(x) - e^{-x}f(x) = 0$
$\iff \exists C \in \mathbb{R},\ e^{-x}f(x) = C\ (C \in \mathbb{R})\ \therefore\ \exists C \in \mathbb{R},\ f(x) = Ce^x$

である．ここで，$f(x) > 0$ より，$C > 0$ である．

$(-1, f(-1))$ における法線の方程式は
$$y = -\frac{1}{f'(-1)}(x+1) + f(-1) \quad \text{i.e.} \quad y = -\frac{e}{C}(x+1) + \frac{C}{e}$$
$$\therefore \quad y = -\frac{e}{C}x + \frac{C}{e} - \frac{e}{C}$$
であり，これが原点を通るから，
$$\frac{C}{e} - \frac{e}{C} = 0 \quad \text{i.e.} \quad C^2 = e^2 \quad \therefore\ C = e\ (\because C > 0)$$
である．よって，
$$f(x) = e^{x+1}$$
である．

補足

接線の x 切片が，接点の x 座標から一定の値だけずれているのは，指数関数の特徴である．では，問題文を少しいじってみよう！

Ⅲ．解答編　3．グラフ系

> $\boxed{2}'$ $x>0$ で定義された関数 $f(x)$ は微分可能で，つねに $f'(x)>0$ である．曲線 $y=f(x)$ 上の任意の点 $(a,f(a))$ $(a>0)$ での法線が y 軸と $(0,f(a)+1)$ で交わるとする．また，$y=f(x)$ 上の点 $(1,f(1))$ での接線は原点 $(0,0)$ を通るとする．$f(x)$ を求めよ．

解答

$f'(x)>0$ より，$(a,f(a))$ における法線の方程式は
$$y=-\frac{1}{f'(a)}(x-a)+f(a)$$
である．これが $(0,f(a)+1)$ を通る条件は，
$$f(a)+1=\frac{a}{f'(a)}+f(a) \quad \therefore \quad f'(a)=a$$
である．よって，$f(x)$ が満たす条件は
$$f'(x)=x \quad \therefore \quad \exists C\in\mathbb{R},\ f(x)=\frac{1}{2}x^2+C$$
である．$(1,f(1))$ における接線の方程式は
$$y=1(x-1)+\frac{1}{2}+C$$
であり，これが原点を通るから，
$$0=-1+\frac{1}{2}+C \quad \text{i.e.} \quad C=\frac{1}{2} \quad \therefore \quad f(x)=\frac{1}{2}x^2+\frac{1}{2}$$
である．

補足

法線と軸の交点の y 座標が，接点の y 座標から一定の値だけずれているのは，放物線の特徴である．

3 $f(x)$ は $0<x<1$ で定義された正の値をとる微分可能な関数で，$\lim_{x \to 1} f'(x) = \infty$ を満たし，さらに曲線 $C: y = f(x)$ は次の性質をもつという．

　　C 上に任意の点 P をとり，原点 O と点 P を結ぶ直線と x 軸のなす角を θ とするとき，点 P における曲線 C の接線と x 軸のなす角は 2θ である．ただし θ は $0 < \theta < \dfrac{\pi}{4}$ の範囲にあるものとする．

(1) $f(x)$ の満たす微分方程式を求めよ．

(2) $g(x) = \dfrac{f(x)}{x} + \dfrac{x}{f(x)}$ とおく．$g(x)$ の満たす微分方程式を求めよ．

(3) $f(x)$ を求めよ．

解答

(1) 条件より，

$$\tan\theta = \frac{f(x)}{x} \text{ かつ}$$

「つねに $f'(x) = \tan 2\theta$ または つねに $f'(x) = -\tan 2\theta$」

が成り立つ（θ は x の関数）．$0 < \theta < \dfrac{\pi}{4}$ より，後者の場合は

$$f'(x) = -\tan 2\theta < 0$$

となり，$\lim_{x \to 1} f'(x) = \infty$ に反する．

よって，前者であり，倍角の公式より，

$$f'(x) = \frac{2 \cdot \dfrac{f(x)}{x}}{1 - \left\{\dfrac{f(x)}{x}\right\}^2} = \frac{2x f(x)}{x^2 - \{f(x)\}^2}$$

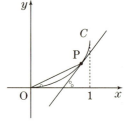

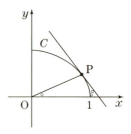

が成り立つ（$0 < \tan\theta < 1$ より $0 < f(x) < x$ であるから，分母は 0 にならない）．

(2) $g(x)$ の定義式の両辺を微分して，(1) を代入すると，

$$g'(x) = \frac{x f'(x) - f(x)}{x^2} + \frac{f(x) - x f'(x)}{\{f(x)\}^2} = \{f(x) - x f'(x)\} \cdot \frac{x^2 - \{f(x)\}^2}{x^2 \{f(x)\}^2}$$

$$= \left\{f(x) - \frac{2x^2 f(x)}{x^2 - \{f(x)\}^2}\right\} \cdot \frac{x^2 - \{f(x)\}^2}{x^2 \{f(x)\}^2} = -\frac{x^2 + \{f(x)\}^2}{x^2 f(x)}$$

$$= -\frac{1}{x}\left\{\frac{f(x)}{x} + \frac{x}{f(x)}\right\} = -\frac{1}{x} g(x)$$

となる．よって，
$$g'(x) = -\frac{1}{x}g(x)$$
が求める微分方程式である．

(3) 積の微分の形を作ると，
$$g'(x) = -\frac{1}{x}g(x) \iff g(x) + xg'(x) = 0 \iff \frac{d}{dx}(xg(x)) = 0$$
$$\iff \exists A \in \mathbb{R},\ xg(x) = A \quad \therefore\ \exists A \in \mathbb{R},\ g(x) = \frac{A}{x}$$
である ($g(x) > 0$ より $A > 0$)．2 次方程式の解の公式から，$f(x)$ は
$$\frac{A}{x} = \frac{f(x)}{x} + \frac{x}{f(x)} \iff \{f(x)\}^2 - Af(x) + x^2 = 0$$
$$\iff f(x) = \frac{A \pm \sqrt{A^2 - 4x^2}}{2} \quad \left(|x| \leq \frac{A}{2}\right)$$
と表される．$0 < x < 1$ で $f(x)$ が定義されるので，$A \geq 2$ である．

微分して極限をとると，
$$f'(x) = \frac{\mp 2x}{\sqrt{A^2 - 4x^2}} \to \begin{cases} \dfrac{\mp 2x}{\sqrt{A^2 - 4x^2}}\ (A > 2) \\ \mp\infty\ (A = 2) \end{cases} (x \to 1)\ (\text{複号同順})$$

となるが，$f'(x) = \infty$ より，符号は $-$ で，$A = 2$ である．よって
$$f(x) = \frac{2 - \sqrt{4 - 4x^2}}{2} = 1 - \sqrt{1 - x^2}$$
である (円の一部)．

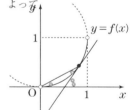

補足

(3) で $g(x)$ を求める部分は，以下のように分離する方法でも良い：

$g(x) \neq 0$ より，
$$g'(x) = -\frac{1}{x}g(x) \iff \frac{g'(x)}{g(x)} = -\frac{1}{x} \iff \frac{d}{dx}\log|g(x)| = -\frac{1}{x}$$
$$\iff \exists C \in \mathbb{R},\ \log|g(x)| = -\log|x| + C = -\log x + C$$
$$\iff \exists C \in \mathbb{R},\ g(x) = \frac{A}{x}\ (A = \pm e^C)$$
である．

4 2つの曲線
$$C_1 : y = f(x) \quad (x > 0)$$
$$C_2 : y = g(x) \quad (x > 0)$$
は，次の3条件（イ），（ロ），（ハ）を満たすものとする．

(イ) $x > 0$ において，$f(x)$, $g(x)$ は正の値をとる．

(ロ) 曲線 C_1 上の点 P における C_1 の接線と y 軸との交点を Q とするとき，線分 PQ の中点は，つねに曲線 C_2 の上にある．

(ハ) 曲線 C_1 は点 $(1, 2)$ を通る．

t を正の実数とする．曲線 C_1，x 軸，直線 $x = t$，および直線 $x = 1$ で囲まれる部分の面積を S_1 とし，曲線 C_2，x 軸，直線 $x = \dfrac{t}{2}$，および直線 $x = \dfrac{1}{2}$ で囲まれる部分の面積を S_2 とする．このとき，どのような正の数 t に対しても，つねに $S_1 = S_2$ が成り立つという．

関数 $f(x)$ $(x > 0)$ を求めよ．

解答

$P(p, f(p))$ $(p > 0)$ とすると，P における C_1 の接線の方程式は
$$y = f'(p)(x - p) + f(p) \quad \therefore \quad y = f'(p)x - pf'(p) + f(p)$$
となり，$x = 0$ とすることで，$Q(0, -pf'(p) + f(p))$ である．

(ロ) から，線分 PQ の中点 $\left(\dfrac{p}{2}, f(p) - \dfrac{pf'(p)}{2}\right)$ が C_2 上より，任意の p $(p > 0)$ で
$$g\left(\dfrac{p}{2}\right) = f(p) - \dfrac{pf'(p)}{2} \quad \cdots\cdots\cdots \text{①}$$
が成り立つ．また，(イ) より，

$$S_1 = \left|\int_1^t f(x)\,dx\right| = \begin{cases} \int_1^t f(x)\,dx & (t \geq 1) \\ \int_t^1 f(x)\,dx & (t \leq 1) \end{cases}, \quad S_2 = \left|\int_{\frac{1}{2}}^{\frac{t}{2}} g(x)\,dx\right| = \begin{cases} \int_{\frac{1}{2}}^{\frac{t}{2}} g(x)\,dx & (t \geq 1) \\ \int_{\frac{t}{2}}^{\frac{1}{2}} g(x)\,dx & (t \leq 1) \end{cases}$$

であるから，t についての条件として
$$S_1 = S_2 \iff \int_1^t f(x)\,dx = \int_{\frac{1}{2}}^{\frac{t}{2}} g(x)\,dx \quad \therefore \quad f(t) = \dfrac{1}{2} g\left(\dfrac{t}{2}\right) \quad \cdots\cdots\cdots \text{②}$$
である（積分の式は $t = 1$ で成り立つので，② が必要十分条件）．② が任意の t $(t > 0)$ で成り立つことが $g(x)$，$g(x)$ の満たす2つ目の条件である．

①, ②, (ハ) より, $g(x)$ を消去して $f(x)$ を求めると,

$$f(t) = \frac{1}{2}\left\{f(t) - \frac{tf'(t)}{2}\right\}, \ f(1) = 2 \iff f(x) = -\frac{xf'(x)}{2}, \ f(1) = 2$$

$$\iff \frac{f'(x)}{f(x)} = -\frac{2}{x}, \ f(1) = 2 \iff \frac{d}{dx}\log|f(x)| = -\frac{2}{x}, \ f(1) = 2$$

$$\iff \exists C \in \mathbb{R}, \ \log f(x) = -2\log|x| + C = \log\frac{e^C}{x^2}, \ f(1) = 2$$

$$\iff \exists C \in \mathbb{R}, \ f(x) = \frac{A}{x^2} \ (A = e^C), \ f(1) = 2$$

$$\therefore \ f(x) = \frac{2}{x^2}$$

である.

5 $f(x)$ は2次の導関数をもち,$f(0)<0$ を満たす関数で,さらに次の性質をもつという.
   原点を O とし,曲線 $y=f(x)$ 上の任意の点 P(x, y) に対し,点 $(x, y+1)$ を
   Q とするとき,∠OPQ の二等分線が曲線 $y=f(x)$ の点 P における法線になる.
(1) $f(x)$ の満たす微分方程式を求めよ.
(2) $g(x)=f'(x)$ とおくとき,$g(x)$ の満たす微分方程式を求めよ.
(3) $f(0)=-1$ であるとき,$f(x)$ を求めよ.

解答

(1) ∠OPQ の二等分線の方向ベクトルとして

$$\frac{\overrightarrow{PO}}{|\overrightarrow{PO}|}+\frac{\overrightarrow{PQ}}{|\overrightarrow{PQ}|}=\frac{-(x,\ y)}{\sqrt{x^2+y^2}}+(0,\ 1)$$

をとると,これが接線の方向ベクトル $(1, f'(x))$ と直交する.内積を計算して,

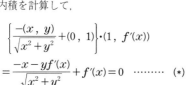

$$\left\{\frac{-(x,\ y)}{\sqrt{x^2+y^2}}+(0,\ 1)\right\}\cdot(1, f'(x))$$
$$=\frac{-x-yf'(x)}{\sqrt{x^2+y^2}}+f'(x)=0 \quad\cdots\cdots (*)$$

∴ $\left(-f(x)+\sqrt{x^2+\{f(x)\}^2}\right)f'(x)-x=0$

が成り立ち,$f(0)<0$ より,

$$f'(x)=\frac{x}{-f(x)+\sqrt{x^2+\{f(x)\}^2}} \quad \left(\because\ -f(x)+\sqrt{x^2+\{f(x)\}^2}\neq 0\right)$$

と変形できる.

(2) (1) の微分方程式の両辺を x で微分すると,

$$f''(x)=\frac{\left(-f(x)+\sqrt{x^2+\{f(x)\}^2}\right)-x\left(-f'(x)+\frac{x+f(x)f'(x)}{\sqrt{x^2+\{f(x)\}^2}}\right)}{\left(-f(x)+\sqrt{x^2+\{f(x)\}^2}\right)^2}$$

$$=\frac{1}{-f(x)+\sqrt{x^2+\{f(x)\}^2}} \quad (\because\ (*))$$

$$=\frac{f'(x)}{x}$$

となる $(x\neq 0$ のとき$)$.$g(x)=f'(x)$ より,

$$xg'(x) = g(x) \quad (x \neq 0)$$

となるが, (1) より,

$$f'(0) = g(0) = 0$$

なので, 上式は $x = 0$ でも成り立つ.

(3) $x \neq 0$ のとき,

$$\frac{g'(x)}{g(x)} = \frac{d}{dx}\log|g(x)| = \frac{1}{x} \quad \therefore \exists A \in \mathbb{R}, \ g(x) = Ax$$

とできる. あるいは,

$$\frac{d}{dx}\left(\frac{g(x)}{x}\right) = \frac{xg'(x) - g(x)}{x^2} = 0 \quad \therefore \exists A \in \mathbb{R}, \ g(x) = Ax$$

ともできる.

$g(x)$ は連続なので, $g(x) = Ax$ は $x = 0$ でも成立する. $g(x) = f'(x)$ より,

$$f(x) = \frac{A}{2}x^2 - 1 \quad (\because \ f(0) = -1)$$

とおける. (1) の微分方程式に $x = 1$ を代入して,

$$\left(-f(1) + \sqrt{1 + \{f(1)\}^2}\right)f'(1) - 1 = 0 \quad \text{i.e.} \ \left\{-\left(\frac{A}{2} - 1\right) + \sqrt{1 + \left(\frac{A}{2} - 1\right)^2}\right\}A = 1$$

$$\therefore A\sqrt{1 + \left(\frac{A}{2} - 1\right)^2} = A\left(\frac{A}{2} - 1\right) + 1 \quad \cdots\cdots (\ast)$$

である. いったん両辺を 2 乗すると,

$$A^2 + A^2\left(\frac{A}{2} - 1\right)^2 = A^2\left(\frac{A}{2} - 1\right)^2 + 2A\left(\frac{A}{2} - 1\right) + 1$$

$$\therefore A = \frac{1}{2}$$

となる. このとき $(\ast)$ は成り立ち, 適している. よって,

$$f(x) = \frac{1}{4}x^2 - 1$$

である.

注 $g(0) = 0$ は, $xg'(x) = g(x)$ であればつねに成り立つので, これでは $g(x)$ は定まらない.

「$g(0) = 0, \ xg'(x) = g(x) \iff g(x) = 0$」

と誤解してはならない.

6 関数 $y=\log x$ のグラフ上の1点 $P(s, \log s)$ $(s\geqq 1)$ における接線と y 軸の交点を Q とする．グラフ上に定点 $A(1, 0)$ をとる．AP 間のグラフの長さを $\widehat{AP}$，線分 PQ の長さを $\overline{PQ}$ とし，$t=\overline{PQ}-\widehat{AP}$ とする．

t は s の関数である：$t=t(s)$

(1) $\dfrac{dt}{ds}$ を s で表せ．また，t は s の減少関数であることを示せ．

$t_0=\lim\limits_{s\to\infty}t$ とおく．以下，$t_0<t\leqq t(1)$ の範囲で考える．

(2) $u=\dfrac{1}{s}$，$v=\sqrt{1+u^2}$ とおくとき，$\dfrac{du}{dt}$，$\dfrac{dv}{dt}$ を u の関数として表せ．
(3) u を t の関数として表せ．また，t_0 の値を求めよ．

解答

(1) P における $y=\log x$ の接線は
$$y=\dfrac{1}{s}(x-s)+\log s \quad \therefore \quad y=\dfrac{1}{s}x+\log s-1$$
であり，$x=0$ を代入して，$Q(0, \log s-1)$ である．ゆえに，
$$t=\overline{PQ}-\widehat{AP}=\sqrt{s^2+1}-\int_1^s\sqrt{1+\dfrac{1}{x^2}}\,dx$$
であり，これを s で微分して変形すると，$s>0$ より，
$$\dfrac{dt}{ds}=\dfrac{s}{\sqrt{s^2+1}}-\sqrt{1+\dfrac{1}{s^2}}=\dfrac{s}{\sqrt{s^2+1}}-\dfrac{\sqrt{s^2+1}}{s}=-\dfrac{1}{s\sqrt{s^2+1}}<0$$
となる．よって，t は s の減少関数である．

(2) (1) より，
$$\dfrac{du}{dt}=\dfrac{du}{ds}\cdot\dfrac{ds}{dt}=-\dfrac{1}{s^2}\cdot\dfrac{1}{-\dfrac{1}{s\sqrt{s^2+1}}}=\sqrt{1+\dfrac{1}{s^2}}=\sqrt{1+u^2}$$
である．また，
$$\dfrac{dv}{dt}=\dfrac{dv}{du}\cdot\dfrac{du}{dt}=\dfrac{u}{\sqrt{1+u^2}}\cdot\sqrt{1+u^2}=u$$
である．

(3) (2) より，

$$\frac{du}{dt} = v, \ \frac{dv}{dt} = u \quad \cdots\cdots\cdots (*)$$

$$\iff \frac{d(u+v)}{dt} = u+v, \ \frac{d(u-v)}{dt} = -(u-v)$$

$$\iff {}^\exists A, B \in \mathbb{R}, \ u+v = Ae^t, \ u-v = Be^{-t}$$

$$\iff {}^\exists A, B \in \mathbb{R}, \ u = \frac{Ae^t + Be^{-t}}{2}, \ v = \frac{Ae^t - Be^{-t}}{2}$$

である．ここで，$s=1$ のとき，$t=\sqrt{2}$，$u=1$，$v=\sqrt{2}$ であるから，

$$1+\sqrt{2} = Ae^{\sqrt{2}}, \ 1-\sqrt{2} = Be^{-\sqrt{2}} \quad \text{i.e.} \quad A = (1+\sqrt{2})e^{-\sqrt{2}}, \ B = (1-\sqrt{2})e^{\sqrt{2}}$$

$$\therefore \quad u = \frac{(1+\sqrt{2})e^{t-\sqrt{2}} + (1-\sqrt{2})e^{-t+\sqrt{2}}}{2}$$

である．

$s \to \infty$ のとき，$t \to t_0$，$u \to 0$ であるから，

$$0 = \frac{(1+\sqrt{2})e^{t_0-\sqrt{2}} + (1-\sqrt{2})e^{-t_0+\sqrt{2}}}{2} \quad \text{i.e.} \quad e^{t_0-\sqrt{2}} = \sqrt{\frac{\sqrt{2}-1}{\sqrt{2}+1}} = \sqrt{2}-1$$

$$\therefore \quad t_0 = \sqrt{2} + \log(\sqrt{2}-1)$$

である．

補足

(3) で解いた $(*)$ は連立微分方程式である．一般に，

$$f'(x) = af(x) + bg(x), \ g'(x) = cf(x) + dg(x) \ (a, \ b, \ c, \ d \in \mathbb{R})$$

が与えられたとき，多くの場合，$sf(x) + tg(x) \ (s, \ t \in \mathbb{R})$ という形の関数 $h(x)$ で

$$h'(x) = uh(x) \ (u \in \mathbb{R}) \quad \therefore \quad h(x) = Ae^{ux} \ (u \in \mathbb{R})$$

と表せるものが 2 つ存在する．これらから $f(x), \ g(x)$ を求めることができる．

また，$g(x)$ を消去することも可能である：

$b \neq 0$ であれば，第 1 式から

$$g(x) = \frac{f'(x) - af(x)}{b}, \ g'(x) = \frac{f''(x) - af'(x)}{b}$$

であり，これを第 2 式に代入して，$f(x)$ の線形微分方程式

$$\frac{f''(x) - af'(x)}{b} = cf(x) + d\frac{f'(x) - af(x)}{b}$$

$$\therefore \quad f''(x) = (a+d)f'(x) - (ad-bc)f(x)$$

を得る．これを解けば良い．

7 $f(x)$, $g(x)$ は $x \geq 0$ で定義された正の値をとる連続な関数で，$x > 0$ で微分可能であるとする．それらの定める曲線を

$$C_1 : y = f(x) \ (x \geq 0) \qquad C_2 : y = g(x) \ (x \geq 0)$$

とするとき，以下の性質が満たされるという．ただし，p は与えられた自然数とする．

（イ）$f(x)$ は $x \geq 0$ において増加な関数で，$f(0) = 1$ を満たす．

（ロ）$f(x)g(x)^p = p^p \ (x \geq 0)$

（ハ）すべての $x > 0$ に対して，平面上の点 $(x, f(x))$ における曲線 C_1 の接線と，点 $(x, g(x))$ における曲線 C_2 の接線は直交する．

(1) $f(x)$ を求めよ．

(2) $p = 3$ のとき，曲線 C_1，C_2 および y 軸で囲まれる部分の面積を求めよ．

解答

(1) （ハ）より，すべての $x \ (x > 0)$ で

$$f'(x)g'(x) = -1$$

が成り立つ．（ロ）から $g(x)$ を $f(x)$, p で表して，

$$g(x) = p\{f(x)\}^{-\frac{1}{p}}$$

であり，微分すると，

$$g'(x) = -\{f(x)\}^{-\frac{1}{p}-1} \cdot f'(x)$$

である．

上と合わせて，$x > 0$ において $f(x)$ が満たす条件は

$$-\{f(x)\}^{-\frac{1}{p}-1} \cdot \{f'(x)\}^2 = -1 \quad \therefore \quad f'(x) = \{f(x)\}^{\frac{1}{2p}+\frac{1}{2}} \quad (\because \ f'(x) \geq 0)$$

である．

・ $\dfrac{1}{2p} + \dfrac{1}{2} = 1$ (i.e. $p = 1$) のとき，$f'(x) = f(x)$ で，$f(0) = 1$ であるから，

$$f(x) = e^x, \quad g(x) = e^{-x}$$

である．

・ $p \neq 1$ (i.e. $p \geq 2$) のとき，$f(x) \neq 0$ より，分離することができて，

$$f'(x) = \{f(x)\}^{\frac{1}{2p}+\frac{1}{2}}, \ f(0) = 1 \iff \{f(x)\}^{-\frac{1}{2p}-\frac{1}{2}}f'(x) = 1, \ f(0) = 1$$

$$\Longleftrightarrow \frac{2p}{p-1}\cdot\frac{d}{dx}\{f(x)\}^{-\frac{1}{2p}+\frac{1}{2}}=1,\ f(0)=1\ \left(\because \frac{1}{-\frac{1}{2p}+\frac{1}{2}}=\frac{2p}{p-1}\right)$$

$$\Longleftrightarrow \exists C\in\mathbb{R},\ \{f(x)\}^{\frac{p-1}{2p}}=\frac{p-1}{2p}x+C,\ f(0)=1$$

$$\Longleftrightarrow \{f(x)\}^{\frac{p-1}{2p}}=\frac{p-1}{2p}x+1$$

$$\therefore\quad f(x)=\left(\frac{p-1}{2p}x+1\right)^{\frac{2p}{p-1}},\ g(x)=p\left(\frac{p-1}{2p}x+1\right)^{-\frac{2}{p-1}}$$

である．

(2) $p=3$ のとき，(1) より，

$$f(x)=\left(\frac{x}{3}+1\right)^3,\ g(x)=3\left(\frac{x}{3}+1\right)^{-1}$$

であり，交点の x 座標は

$$f(x)=g(x)\quad \text{i.e.}\quad \left(\frac{x}{3}+1\right)^4=3\quad \therefore\quad x=3\bigl(\sqrt[4]{3}-1\bigr)\ (\because x\geqq 0)$$

である（これを α と表すことにする）．

$f(x)\leqq g(x)\ (0\leqq x\leqq \alpha)$ なので，求める面積は

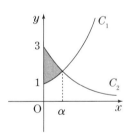

$$\int_0^{\alpha}\left\{3\left(\frac{x}{3}+1\right)^{-1}-\left(\frac{x}{3}+1\right)^3\right\}dx$$

$$=\left[9\log\left(\frac{x}{3}+1\right)-\frac{3}{4}\left(\frac{x}{3}+1\right)^4\right]_0^{\alpha}$$

$$=\left(9\log\sqrt[4]{3}-\frac{3}{4}\cdot 3\right)-\left(0-\frac{3}{4}\right)$$

$$=\frac{9}{4}\log 3-\frac{3}{2}$$

である．

8 xy 平面の $x>0$ の部分にある曲線 K は,
$$\frac{dy}{dx}=\frac{x\sin\theta+y\cos\theta}{x\cos\theta-y\sin\theta} \quad \cdots\cdots\cdots (*)$$
を満たすものとする(両辺が定義される任意の x, y に対して). ただし, θ は $0\leqq\theta<2\pi$ を満たす定数である.

(1) $y=tx$ と置換することで,
$$x\frac{dt}{dx}=\frac{(1+t^2)\sin\theta}{\cos\theta-t\sin\theta}$$
が成り立つことを示せ.

(2) K を表す方程式を求めよ. ただし, 積分定数 C を用いて表せ. また, 必要ならば, 以下の関数 $g(x)$ を用いよ:
$$g(x)=\int_0^x \frac{dt}{1+t^2}$$

解答

(1) $y=tx$ の両辺を x で微分して,
$$\frac{dy}{dx}=\frac{dt}{dx}x+t$$
となる. これを $(*)$ に代入して y を消去すると, $x\neq 0$ より,
$$\frac{dt}{dx}x+t=\frac{x\sin\theta+tx\cos\theta}{x\cos\theta-tx\sin\theta}$$
$$\therefore\quad x\frac{dt}{dx}=\frac{\sin\theta+t\cos\theta}{\cos\theta-t\sin\theta}-t=\frac{(1+t^2)\sin\theta}{\cos\theta-t\sin\theta}$$
となる.

(2) $\sin\theta=0$ のとき,
$$x\frac{dt}{dx}=0 \iff \frac{dt}{dx}=0 \;(\because x\neq 0) \quad\therefore\quad t=C \;(C\in\mathbb{R})$$
と表せる. よって, K の方程式は
$$y=Cx \;(x>0)$$
である.

$\sin\theta\neq 0$ のとき, (1) の逆数をとることができ, t を主変数として見ると,
$$\frac{1}{x}\frac{dx}{dt}=\frac{\cos\theta-t\sin\theta}{(1+t^2)\sin\theta}=\frac{1}{\tan\theta}\cdot\frac{1}{1+t^2}-\frac{t}{1+t^2}$$
となる. $g'(t)=\dfrac{1}{1+t^2}$ に注意して両辺を t で積分すると, $C\in\mathbb{R}$ を用いて

$$\log x = \frac{1}{\tan\theta}\int \frac{1}{1+t^2}\,dt - \int \frac{t}{1+t^2}\,dt = \frac{1}{\tan\theta}g(t) - \frac{1}{2}\log(1+t^2) + C$$
$$= \frac{1}{\tan\theta}g\!\left(\frac{y}{x}\right) - \frac{1}{2}\log\!\left(1+\frac{y^2}{x^2}\right) + C$$

と表せる．両辺を2倍した後，移項して，対数を1つにまとめると，

$$\log(x^2+y^2) = \frac{2}{\tan\theta}g\!\left(\frac{y}{x}\right) + C$$

となる．これが K の方程式である．

補足

(∗)は，「K 上の点 P に対し，P における K の接線と直線 OP のなす角が一定値 θ である」という条件を表している：

P(x, y) とおくと，$\overrightarrow{\mathrm{OP}}$ を θ だけ回転させると

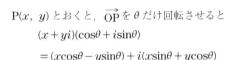

$$= (x\cos\theta - y\sin\theta) + i(x\sin\theta + y\cos\theta)$$

より，$(x\cos\theta - y\sin\theta,\ x\sin\theta + y\cos\theta)$ となる．

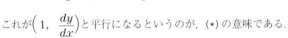と平行になるというのが，(∗) の意味である．

特に，$\sin\theta = 0$ のとき，K は原点を通る直線である．$\cos\theta = 0$ のとき，K は円

$$\log(x^2+y^2) = C \quad \therefore \quad x^2+y^2 = e^C$$

を表す．これらが上記の条件を満たすことは明らかであろう．

4．物理量系

---

1 長さの単位をセンチメートル，時間 t の単位を秒とする．曲線 $y = x^2$ の軸を鉛直にして，この曲線を軸のまわりに回転して得られる曲面を内面とする容器がある．ある時刻 $(t=0)$ に水をこの容器に入れ始め，任意の $t\,(>0)$ に対して，t 秒後の水面の上昇速度が $t^2\,\mathrm{cm/sec}$ であるようにするには，水の注入速度 (単位は $\mathrm{cm}^3/\mathrm{sec}$) をどのようにすればよいか．

解答

時刻 t における水面の高さ，水の体積，水の注入速度をそれぞれ $h,\ V,\ v$ としたら，

$$\frac{dV}{dt} = v,\ V(0) = 0 \quad \therefore\ V = \int_0^t v\,dt,$$

$$\frac{dh}{dt} = t^2,\ h(0) = 0 \quad \therefore\ h = \frac{t^3}{3}$$

が成り立つ．体積を求めると，

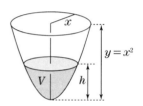

$$V = \pi \int_0^h x^2\,dy = \pi \int_0^h y\,dy = \frac{\pi}{2} h^2 = \frac{\pi}{18} t^6$$

となるので，

$$\frac{dV}{dt} = \frac{d}{dt}\left(\frac{\pi}{18} t^6\right) = \frac{\pi}{3} t^5 \quad \therefore\ v = \frac{\pi}{3} t^5$$

である．

※　本問に登場した $t,\ h,\ V,\ v$ はすべて変数である．

III．解答編　4．物理量系

2　内側が直円錐形の容器がある．その回転軸は鉛直で，頂点が最低点，深さが h で，上面は半径 R の円である．この容器に上面まで満たされた水を，断面積が S の管を通じて，最低点からポンプで流出させるとする．水の流出速度 v は，そのときの水面の高さを x とすれば，
$$v = kx \quad (k \text{ は正の実数})$$
で与えられるようにポンプが調整されているものとする．

流出し始めた時刻を $t=0$ として，時刻 t における水面の高さ $x(t)$ を求めよ．ただし，t は容器が空になる時刻までに限定する．（時刻 t と $t+\Delta t$ の間に流出する水量を ΔQ とすれば，
$$\lim_{\Delta t \to 0} \frac{\Delta Q}{\Delta t} = Sv$$
が成り立つ．）

解答

時刻 t における水の体積 V を求めることで，
$$V = \frac{1}{3}\pi R^2 \cdot h \times \left(\frac{x}{h}\right)^3 = \frac{\pi R^2}{3h^2}x^3$$
$$\therefore \lim_{\Delta t \to 0}\frac{\Delta Q}{\Delta t} = \lim_{\Delta t \to 0}\frac{-\Delta V}{\Delta t} = -\frac{d}{dt}\left(\frac{\pi R^2}{3h^2}x^3\right) = -\frac{\pi R^2}{h^2}x^2 \cdot \frac{dx}{dt}$$

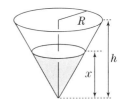

であり，流出についての $x(t)$ の条件は
$$\lim_{\Delta t \to 0}\frac{\Delta Q}{\Delta t} = Sv \iff -\frac{\pi R^2}{h^2}x^2 \cdot \frac{dx}{dt} = Skx \iff x\frac{dx}{dt} = -\frac{h^2 Sk}{\pi R^2}$$
$$\iff \frac{d}{dt}\left(\frac{1}{2}x^2\right) = -\frac{h^2 Sk}{\pi R^2} \iff \exists C \in \mathbb{R},\ x^2 = -\frac{2h^2 Sk}{\pi R^2}t + C$$
である．ここで，$x(0) = h$ より $C = h^2$ である．$x \geq 0$ より，
$$x^2 = -\frac{2h^2 Sk}{\pi R^2}t + h^2$$
$$\therefore\ x(t) = \sqrt{h^2 - \frac{2h^2 Sk}{\pi R^2}t} = h\sqrt{1 - \frac{2Sk}{\pi R^2}t}$$
である．

※　本問に登場した文字のうち，h, R, k, S は定数，v, x, t, V は変数である．
　また，ΔQ は体積の"減少量"なので，$-\Delta V$ であることに注意しよう．

3 高さ 10 m の円錐形の内部をもつタンクがあり，円錐の底面が下側にあって水平であるように置かれている．

タンク内の水面（水の深さ）が y m $(y<10)$ のときには $(10-y)$ ℓ/分 の速度で注水することにする．

タンクが空のときに注水を始めて，9時間後に水面が 2 m になった．タンクに水が一杯になるのは，あと何時間後か．

解答

タンクの容積を $W(ℓ)$ とする．

時刻 t (min) における水面の高さ，水の体積をそれぞれ y (m)，$V(ℓ)$ としたら，

$$\frac{dV}{dt} = 10-y, \quad V = W\left\{1 - \left(\frac{10-y}{10}\right)^3\right\}$$

∴ $\frac{3W}{1000}(10-y)^2 \frac{dy}{dt} = 10-y \iff \frac{dt}{dy} = \frac{3W}{1000} \cdot (10-y)$

$\iff \exists C \in \mathbb{R}, \quad t = -\frac{3W}{1000} \cdot \frac{(10-y)^2}{2} + C$

である．$t=0$ のとき $y=0$ であり，$t=540$ のとき $y=2$ であるから，

$$0 = -\frac{3W}{1000} \cdot \frac{10^2}{2} + C, \quad 540 = -\frac{3W}{1000} \cdot \frac{8^2}{2} + C \quad \text{i.e.} \quad C = \frac{3W}{20}, \quad C = 540 + \frac{12W}{125}$$

∴ $C = 1500, \quad W = 10000$

となり，

$$t = -15(10-y)^2 + 1500$$

である．タンクに水が一杯 $(y=10)$ になる時刻は，

$$t = 1500 \text{ (min)} = 25 \text{ (h)}$$

である．よって，タンクに水が一杯になるのは，いまから 16 時間後である．

※ 本問に登場した文字のうち，W は定数，t, y, V は変数である．

4 楕円 $\dfrac{x^2}{a^2}+\dfrac{y^2}{b^2}=1$ $(a>0,\ b>0)$ の上の点 P$(x,\ y)$ を媒介変数 u を使って,
$$x=a\cos u,\quad y=b\sin u \quad (0\leqq u<2\pi)$$
で表す.時間を t とし,P は t の変化につれて次のように移動する.時刻 $t=0$ のとき点 P は $(a,\ 0)$ にあり,その後,この楕円上を時計の針の進行方向と逆の方向に動く.時刻 t $(t>0)$ までに線分 OP の通過した部分の面積を S とする.つねに $\dfrac{dS}{dt}=1$ であるとき,u を t の関数として表せ.

解答

パラメータの値が u から $u+\Delta u$ まで変化する間に OP が通過する部分の面積を ΔS とする.u のとき P $=$ P$_u$ とおくと,ΔS を三角形 OP$_u$P$_{u+\Delta u}$ の面積で近似して,

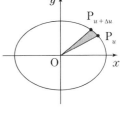

$$\Delta S \fallingdotseq \triangle \mathrm{OP}_u\mathrm{P}_{u+\Delta u}$$
$$=\dfrac{1}{2}|a\cos u\cdot b\sin(u+\Delta u)-a\cos(u+\Delta u)\cdot b\sin u|$$
$$=\dfrac{ab\Delta u}{2}\left|\cos u\cdot\dfrac{\sin(u+\Delta u)-\sin u}{\Delta u}-\dfrac{\cos(u+\Delta u)-\cos u}{\Delta u}\cdot\sin u\right|$$

となる.よって,

$$\dfrac{dS}{du}=\lim_{\Delta u\to 0}\dfrac{\Delta S}{\Delta u}$$
$$=\lim_{\Delta u\to 0}\dfrac{ab}{2}\left|\cos u\cdot\dfrac{\sin(u+\Delta u)-\sin u}{\Delta u}-\dfrac{\cos(u+\Delta u)-\cos u}{\Delta u}\cdot\sin u\right|$$
$$=\dfrac{ab}{2}\left|\cos^2 u+\sin^2 u\right|$$
$$\left(\because \lim_{\Delta u\to 0}\dfrac{\sin(u+\Delta u)-\sin u}{\Delta u}=(\sin u)'=\cos u,\right.$$
$$\left.\quad\lim_{\Delta u\to 0}\dfrac{\cos(u+\Delta u)-\cos u}{\Delta u}=(\cos u)'=-\sin u\right)$$
$$=\dfrac{ab}{2}$$

である.ゆえに,

$$\dfrac{dS}{dt}=\dfrac{dS}{du}\cdot\dfrac{du}{dt}=\dfrac{ab}{2}\cdot\dfrac{du}{dt}$$

∴ $\dfrac{ab}{2}\cdot\dfrac{du}{dt}=1,\ u(0)=0 \iff \exists C\in\mathbb{R},\ u=\dfrac{2}{ab}t+C\ (C\in\mathbb{R}),\ u(0)=0$

より,$u=\dfrac{2}{ab}t$ である.

5 座標平面上の双曲線 $\dfrac{x^2}{a^2} - \dfrac{y^2}{b^2} = 1$ $(a>0,\ b>0)$ を H とする．原点を O としたとき，双曲線 H 上の点 $\mathrm{P}_t(p(t),\ q(t))$ を，x 軸，双曲線 H，および，線分 OP_t が囲む領域の面積が t となるようにとる．ただし，$p(t),\ q(t)$ は微分可能であり，$p(t) \geqq 0$，$q(t) \geqq 0$ とする．

(1) $0 < s < t$ のとき，三角形 $\mathrm{OP}_s\mathrm{P}_t$ の面積を $p(s),\ q(s),\ p(t),\ q(t)$ で表せ．

(2) $\Delta t > 0$ が十分小さいとき，Δt を三角形 $\mathrm{OP}_t\mathrm{P}_{t+\Delta t}$ の面積で近似することで，
$$p(t)q'(t) - q(t)p'(t) = 2$$
が成り立つことを示せ．

(3) $f(t) = bp(t) - aq(t),\ g(t) = bp(t) + aq(t)$ とおくと，$f(t)g(t) = a^2b^2$ が成り立つことを示せ．

(4) $f(t)$ および $g(t)$ を求めよ．

(5) $p(t)$ および $q(t)$ を求めよ．

解答

(1) $0 < s < t$ のとき，
$$\triangle \mathrm{OP}_s\mathrm{P}_t = \dfrac{1}{2}\left|p(t)q(s) - p(s)q(t)\right|$$
$$= \dfrac{1}{2}\{p(s)q(t) - p(t)q(s)\}$$

である（∵ 線分 OP_s から線分 OP_t まで反時計回りに回転させた角度が $180°$ 未満より，絶対値はこのように外れる）．

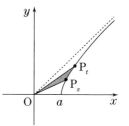

(2) 仮定から，
$$\Delta t \fallingdotseq \triangle \mathrm{OP}_t\mathrm{P}_{t+\Delta t}$$

と近似できる．すると，(1) で t を $t + \Delta t$ に，s を t に変えて，
$$\Delta t \fallingdotseq \dfrac{1}{2}\{p(t)q(t + \Delta t) - p(t + \Delta t)q(t)\}$$
$$= \dfrac{1}{2}[p(t)\{q(t + \Delta t) - q(t)\} - \{p(t + \Delta t) - p(t)\}q(t)]$$

となり，
$$p(t)\dfrac{q(t+\Delta t) - q(t)}{\Delta t} - \dfrac{p(t+\Delta t) - p(t)}{\Delta t}q(t) \fallingdotseq 2$$

∴ $p(t)q'(t) - p'(t)q(t) = 2$ $(\Delta t \to 0)$

となる．

(3) $P_t(p(t), q(t))$ は H 上にあるから,

$$f(t)g(t) = b^2\{p(t)\}^2 - a^2\{q(t)\}^2 = a^2b^2 \quad \left(\because \frac{\{p(t)\}^2}{a^2} - \frac{\{q(t)\}^2}{b^2} = 1\right)$$

が成り立つ.

(4) $f(x) = bp(t) - aq(t)$, $g(t) = bp(t) + aq(t)$ であるから,

$$p(t) = \frac{f(t) + g(t)}{2b}, \ q(t) = \frac{g(t) - f(t)}{2a} \ \therefore \ p'(t) = \frac{f'(t) + g'(t)}{2b}, \ q'(t) = \frac{g'(t) - f'(t)}{2a}$$

である. これを (2) に代入すると,

$$\frac{(f(t) + g(t))(g'(t) - f'(t)) - (f'(t) + g'(t))(g(t) - f(t))}{4ab} = 2$$

$\therefore \quad f(t)g'(t) - f'(t)g(t) = 4ab$

となる. (3) の両辺を t で微分して,

$$f(t)g'(t) + g(t)f'(t) = 0$$

が成り立つので,

$$f(t)g'(t) = 2ab, \ g(t)f'(t) = -2ab$$

である. $f(t)$ の式にすると,

$$\frac{g(t)f'(t)}{f(t)g(t)} = \frac{-2ab}{a^2b^2} \iff \frac{f'(t)}{f(t)} = \frac{d}{dt}\log|f(t)| = \frac{-2}{ab}$$

$\iff \exists C \in \mathbb{R}, \ \log|f(t)| = \frac{-2}{ab}t + C \iff \exists C \in \mathbb{R}, \ f(t) = Ae^{-\frac{2}{ab}t} \ (A = \pm e^C)$

となる. $t = 0$ のとき, 面積が 0 より

$$P_0 = (a, 0) \quad \therefore \quad p(0) = a, \ q(0) = 0$$

であるから,

$$f(0) = A = ab$$

となる. よって,

$$f(t) = abe^{-\frac{2}{ab}t}, \ g(t) = \frac{a^2b^2}{f(t)} = abe^{\frac{2}{ab}t}$$

である.

(5) (4) より,

$$p(t) = \frac{f(t) + g(t)}{2b} = \frac{a}{2}\left(e^{\frac{2}{ab}t} + e^{-\frac{2}{ab}t}\right), \ q(t) = \frac{-f(t) + g(t)}{2a} = \frac{b}{2}\left(e^{\frac{2}{ab}t} - e^{-\frac{2}{ab}t}\right)$$

である.

＝ Ⅳ. 補　講　＝

1．曲線の長さ～理論～
2．曲線の長さ～問題～
3．曲線の長さ～解答～
4．曲線と微分方程式
5．漸化式と微分方程式

1. 曲線の長さ〜理論〜

曲線の長さは以下のように求める:

> $x(t)$, $y(t)$ は微分可能とする．パラメータ表示：
> $$x = x(t),\ y = y(t)\quad (a \leq t \leq b)$$
> で表される曲線の長さ(弧長)を L とすると，L は以下の通り:
> $$L = \int_a^b \sqrt{\left(\frac{dx}{dt}\right)^2 + \left(\frac{dy}{dt}\right)^2}\, dt$$

証明

$a \leq s \leq b$ なる s に対し，$a \leq t \leq s$ の部分の長さを $L(s)$ とおくと，
$$L(a) = 0,\ L = L(b)$$

$(\Delta L)^2 \fallingdotseq (\Delta x)^2 + (\Delta y)^2$

である．L を t で微分しよう．微小な正数 Δt に対し，

$$\frac{L(t+\Delta t) - L(t)}{\Delta t} \fallingdotseq \frac{1}{\Delta t}\sqrt{\{x(t+\Delta t)-x(t)\}^2 + \{y(t+\Delta t)-y(t)\}^2}$$

$$= \sqrt{\left\{\frac{x(t+\Delta t)-x(t)}{\Delta t}\right\}^2 + \left\{\frac{y(t+\Delta t)-y(t)}{\Delta t}\right\}^2}$$

$$\therefore \lim_{\Delta t \to 0}\frac{L(t+\Delta t)-L(t)}{\Delta t} = \lim_{\Delta t \to 0}\sqrt{\left\{\frac{x(t+\Delta t)-x(t)}{\Delta t}\right\}^2 + \left\{\frac{y(t+\Delta t)-y(t)}{\Delta t}\right\}^2}$$

$$= \sqrt{\left(\frac{dx}{dt}\right)^2 + \left(\frac{dy}{dt}\right)^2}$$

である．Δt が負の場合も同様なので，$L(t)$ は微分可能で，

$$\frac{dL}{dt} = \sqrt{\left(\frac{dx}{dt}\right)^2 + \left(\frac{dy}{dt}\right)^2}$$

である．$L(a) = 0$ より，

$$L(s) = \int_a^s \sqrt{\left(\frac{dx}{dt}\right)^2 + \left(\frac{dy}{dt}\right)^2}\, dt \quad \therefore\ L = \int_a^b \sqrt{\left(\frac{dx}{dt}\right)^2 + \left(\frac{dy}{dt}\right)^2}\, dt$$

となる． (証明終)

*　　　　　　　　　*

曲線上の動点 P の位置ベクトル $\overrightarrow{\mathrm{OP}} = (x(t), y(t))$ に対し，ベクトル $\vec{v} = \left(\dfrac{dx}{dt},\ \dfrac{dy}{dt}\right)$ を P の速度ベクトルという．速度の大きさを「速さ」というが，

$$L = \int_a^b \sqrt{\left(\frac{dx}{dt}\right)^2 + \left(\frac{dy}{dt}\right)^2}\, dt = \int_a^b |\vec{v}|\, dt$$

Ⅳ．補講　1．曲線の長さ～理論～

であり，「速さを積分したら移動距離(弧長)」となっている．

では，次に，陽関数の場合を確認しておこう．

$f(x)$ は微分可能とする．
$$y = f(x) \quad (a \leq x \leq b)$$
で表される曲線の長さを L とすると，L は以下の通り：
$$L = \int_a^b \sqrt{1 + \{f'(x)\}^2} \, dx$$

証明

x をパラメータと考えると，
$$x = x, \ y = f(x) \ (a \leq x \leq b)$$
において，速度ベクトルは $\vec{v} = (1, f'(x))$ より，
$$L = \int_a^b |\vec{v}| \, dx = \int_a^b \sqrt{1 + \{f'(x)\}^2} \, dx$$
となる． (証明終)

　　　　　　　　　　＊　　　　　　　　　＊

では，具体的に見ていこう．

例題 1.

次の曲線の長さを求めよ．

(1)　$x = t - \sin t, \ y = 1 - \cos t \ (0 \leq t \leq 2\pi)$

(2)　$y = \dfrac{e^x + e^{-x}}{2} \ (0 \leq x \leq 1)$

解答

(1)　$\dfrac{dx}{dt} = 1 - \cos t, \ \dfrac{dy}{dt} = \sin t$

∴ $\sqrt{\left(\dfrac{dx}{dt}\right)^2 + \left(\dfrac{dy}{dt}\right)^2} = \sqrt{(1-\cos t)^2 + (\sin t)^2} = \sqrt{1 - 2\cos t + \cos^2 t + \sin^2 t}$

$= \sqrt{2(1-\cos t)} = \sqrt{2 \cdot 2\sin^2 \dfrac{t}{2}} = 2\sin \dfrac{t}{2} \ \left(\because \ 0 \leq \dfrac{t}{2} \leq \pi\right)$

より，求める長さは

$$\int_0^{2\pi} 2\sin\frac{t}{2}dt = \left[-4\cos\frac{t}{2}\right]_0^{2\pi} = 8$$

である.

(2) $\quad y' = \dfrac{e^x - e^{-x}}{2}$

$\therefore \quad \sqrt{1+(y')^2} = \sqrt{1+\dfrac{e^{2x}-2e^x e^{-x}+e^{-2x}}{4}} = \sqrt{\dfrac{e^{2x}+2e^x e^{-x}+e^{-2x}}{4}}$

$\qquad\qquad\quad = \sqrt{\left(\dfrac{e^x+e^{-x}}{2}\right)^2} = \dfrac{e^x+e^{-x}}{2}$

より,求める長さは

$$\int_0^1 \frac{e^x+e^{-x}}{2}dx = \left[\frac{e^x-e^{-x}}{2}\right]_0^1 = \frac{e-e^{-1}}{2}$$

である.

＊　　　　　　＊

理論確認は以上である.

実際に問題を解いていき,考え方を身につけてもらいたい.

2．曲線の長さ〜問題〜

1 次の曲線の長さを求めよ．
(1) $x = \cos^3 t$, $y = \sin^3 t$ $\left(0 \leqq t \leqq \dfrac{\pi}{2}\right)$
(2) $x = \cos t + t\sin t$, $y = \sin t - t\cos t$ $(0 \leqq t \leqq 2\pi)$
(3) $y = \dfrac{1}{2}x^2$ $(0 \leqq x \leqq 1)$

2 次の極方程式で表される曲線の長さを求めよ．
(1) $r = 1 + \cos\theta$ $(0 \leqq \theta < 2\pi)$
(2) $r = e^\theta$ $(0 \leqq \theta < 2\pi)$

3 n を2以上の整数とする．平面上に $n+2$ 個の点 O, P_0, P_1, ………, P_n があり，次の2つの条件を満たしている．

① $\angle P_{k-1}OP_k = \dfrac{\pi}{n}$ $(1 \leqq k \leqq n)$, $\angle OP_{k-1}P_k = \angle OP_0P_1$ $(2 \leqq k \leqq n)$

② 線分 OP_0 の長さは1，線分 OP_1 の長さは $1 + \dfrac{1}{n}$ である．

線分 $P_{k-1}P_k$ の長さを a_k とし，$s_n = \sum\limits_{k=1}^{n} a_k$ とおくとき，$\lim\limits_{n\to\infty} s_n$ を求めよ．

4 xy 平面の放物線 $C: y = \dfrac{1}{2}x^2$ 上に点 $P\left(t, \dfrac{1}{2}t^2\right)$ $(t \geqq 0)$ をとる．点 P における放物線 C の接線 l が y 軸と交わる点を Q とし，C の焦点を F とする．
(1) $t > 0$ に対し，$\angle PQF = \theta$ とおくとき，$\cos\theta$, $\sin\theta$ を t の式で表せ．
(2) C 上の弧 OP の長さを t の式で表せ．ただし，必要ならば，$u = x + \sqrt{1+x^2}$ と置換せよ．
(3) 放物線 C を，x 軸上を滑らさずに x 軸の正の向きに転がすとき，焦点 F が描く図形の方程式を求めよ．

3. 曲線の長さ～解答～

1 次の曲線の長さを求めよ．

(1) $x = \cos^3 t, \ y = \sin^3 t \quad \left(0 \leq t \leq \dfrac{\pi}{2}\right)$

(2) $x = \cos t + t\sin t, \ y = \sin t - t\cos t \quad (0 \leq t \leq 2\pi)$

(3) $y = \dfrac{1}{2}x^2 \quad (0 \leq x \leq 1)$

解答

(1) $\dfrac{dx}{dt} = -3\cos^2 t \sin t, \ \dfrac{dy}{dt} = 3\sin^2 t \cos t$

$\therefore \ \sqrt{\left(\dfrac{dx}{dt}\right)^2 + \left(\dfrac{dy}{dt}\right)^2} = \sqrt{(3\sin t \cos t)^2(\cos^2 t + \sin^2 t)}$

$\qquad\qquad\qquad\qquad\qquad\quad = 3\sin t \cos t \ \left(\because \ 0 \leq t \leq \dfrac{\pi}{2}\right)$

より，求める長さは

$$\int_0^{\frac{\pi}{2}} 3\sin t \cos t \, dt = \left[\dfrac{3}{2}\sin^2 t\right]_0^{\frac{\pi}{2}} = \dfrac{3}{2}$$

である．

(2) $\dfrac{dx}{dt} = -\sin t + \sin t + t\cos t = t\cos t,$

$\quad \dfrac{dy}{dt} = \cos t - \cos t + t\sin t = t\sin t$

$\therefore \ \sqrt{\left(\dfrac{dx}{dt}\right)^2 + \left(\dfrac{dy}{dt}\right)^2} = \sqrt{t^2(\cos^2 t + \sin^2 t)} = t \ (\because \ t \geq 0)$

より，求める長さは

$$\int_0^{2\pi} t \, dt = \left[\dfrac{1}{2}t^2\right]_0^{2\pi} = 2\pi^2$$

である．

(3) $y' = x$ より，求める長さは $\int_0^1 \sqrt{1+x^2} \, dx$ と表され，これを計算すれば良い．

計算法1 ($1 + \tan^2\theta = \dfrac{1}{\cos^2\theta}$ を利用)

$x = \tan\theta \ \left(-\dfrac{\pi}{2} < \theta < \dfrac{\pi}{2}\right)$ とおくと，

$\dfrac{dx}{d\theta} = \dfrac{1}{\cos^2\theta}, \ x = 0$ のとき $\theta = 0, \ x = 1$ のとき $\theta = \dfrac{\pi}{4}$

より，

$$\int_0^1 \sqrt{1+x^2}\, dx = \int_0^{\frac{\pi}{4}} \sqrt{1+\tan^2\theta}\, \frac{1}{\cos^2\theta}\, d\theta$$
$$= \int_0^{\frac{\pi}{4}} \frac{1}{\cos^3\theta}\, d\theta \quad \left(\because 1+\tan^2\theta = \frac{1}{\cos^2\theta},\ \cos\theta > 0\right)$$

と置換できる．さらに，部分積分で

$$\int_0^{\frac{\pi}{4}} \frac{1}{\cos^3\theta}\, d\theta = \int_0^{\frac{\pi}{4}} \frac{1}{\cos\theta}(\tan\theta)'\, d\theta = \left[\frac{1}{\cos\theta}\tan\theta\right]_0^{\frac{\pi}{4}} - \int_0^{\frac{\pi}{4}} \frac{-(-\sin\theta)}{\cos^2\theta}\tan\theta\, d\theta$$
$$= \sqrt{2} - \int_0^{\frac{\pi}{4}} \frac{\sin^2\theta}{\cos^3\theta}\, d\theta$$
$$= \sqrt{2} - \int_0^{\frac{\pi}{4}} \frac{1}{\cos^3\theta}\, d\theta + \int_0^{\frac{\pi}{4}} \frac{1}{\cos\theta}\, d\theta \quad (\because \sin^2\theta = 1-\cos^2\theta)$$

$$\therefore\ 2\int_0^{\frac{\pi}{4}} \frac{1}{\cos^3\theta}\, d\theta = \sqrt{2} + \int_0^{\frac{\pi}{4}} \frac{1}{\cos\theta}\, d\theta \quad \text{i.e.}\quad \int_0^{\frac{\pi}{4}} \frac{1}{\cos^3\theta}\, d\theta = \frac{\sqrt{2}}{2} + \frac{1}{2}\int_0^{\frac{\pi}{4}} \frac{1}{\cos\theta}\, d\theta$$

となる．ここで，

$$\int_0^{\frac{\pi}{4}} \frac{1}{\cos\theta}\, d\theta = \int_0^{\frac{\pi}{4}} \frac{\cos\theta}{\cos^2\theta}\, d\theta = \int_0^{\frac{\pi}{4}} \frac{\cos\theta}{1-\sin^2\theta}\, d\theta = \int_0^{\frac{\pi}{4}} \frac{\cos\theta}{(1-\sin\theta)(1+\sin\theta)}\, d\theta$$
$$= \frac{1}{2}\int_0^{\frac{\pi}{4}} \left(\frac{\cos\theta}{1-\sin\theta} + \frac{\cos\theta}{1+\sin\theta}\right) d\theta = \frac{1}{2}\Big[-\log(1-\sin\theta) + \log(1+\sin\theta)\Big]_0^{\frac{\pi}{4}}$$
$$= \frac{1}{2}\left[\log\frac{1+\sin\theta}{1-\sin\theta}\right]_0^{\frac{\pi}{4}} = \frac{1}{2}\log\frac{1+\dfrac{1}{\sqrt{2}}}{1-\dfrac{1}{\sqrt{2}}} = \frac{1}{2}\log\frac{\sqrt{2}+1}{\sqrt{2}-1} = \frac{1}{2}\log\frac{(\sqrt{2}+1)^2}{2-1}$$
$$= \log(\sqrt{2}+1)$$

であるから，求める長さは

$$\int_0^1 \sqrt{1+x^2}\, dx = \int_0^{\frac{\pi}{4}} \frac{1}{\cos^3\theta}\, d\theta = \frac{\sqrt{2}}{2} + \frac{1}{2}\int_0^{\frac{\pi}{4}} \frac{1}{\cos\theta}\, d\theta = \frac{\sqrt{2}}{2} + \frac{1}{2}\log(\sqrt{2}+1)$$

である．

計算法2（$\left(\dfrac{e^t+e^{-t}}{2}\right)^2 - \left(\dfrac{e^t-e^{-t}}{2}\right)^2 = 1$ を利用）

$x = \dfrac{e^t - e^{-t}}{2}$ とおくと，

$\dfrac{dx}{dt} = \dfrac{e^t + e^{-t}}{2}$，$x=0$ のとき $t=0$，$x=1$ のとき $t=\log(\sqrt{2}+1)$

（$x=1$ のとき，$\dfrac{e^t-e^{-t}}{2} = 1$ つまり $e^{2t} - 2e^t - 1 = 0$ より，$e^t = 1+\sqrt{2}$）

より，求める長さは

$$\int_0^1 \sqrt{1+x^2}\,dx = \int_0^{\log(\sqrt{2}+1)} \sqrt{1+\left(\frac{e^t-e^{-t}}{2}\right)^2}\,\frac{e^t+e^{-t}}{2}\,dt = \int_0^{\log(\sqrt{2}+1)} \left(\frac{e^t+e^{-t}}{2}\right)^2 dt$$

$$= \int_0^{\log(\sqrt{2}+1)} \frac{e^{2t}+2+e^{-2t}}{4}\,dt = \frac{1}{4}\left[\frac{e^{2t}-e^{-2t}}{2}+2t\right]_0^{\log(\sqrt{2}+1)}$$

$$= \frac{1}{4}\left(\frac{(\sqrt{2}+1)^2-(\sqrt{2}-1)^2}{2}+2\log(\sqrt{2}+1)\right)$$

$$\left(\because\ e^{\log(\sqrt{2}+1)}=\sqrt{2}+1,\ e^{-\log(\sqrt{2}+1)}=\frac{1}{\sqrt{2}+1}=\sqrt{2}-1\right)$$

$$= \frac{\sqrt{2}}{2}+\frac{1}{2}\log(\sqrt{2}+1)$$

である.

計算法3 ($\left\{\frac{1}{2}\left(t+\frac{1}{t}\right)\right\}^2 - \left\{\frac{1}{2}\left(t-\frac{1}{t}\right)\right\}^2 = 1$ を利用)

$x=\frac{1}{2}\left(t-\frac{1}{t}\right)$ $(t\geqq 0)$ とおくと,

$\frac{dx}{dt}=\frac{1}{2}\left(1+\frac{1}{t^2}\right)$, $x=0$ のとき $t=1$, $x=1$ のとき $t=\sqrt{2}+1$

($x=1$ のとき, $\frac{1}{2}\left(t-\frac{1}{t}\right)=1$ つまり $t^2-2t-1=0$ より, $t=1+\sqrt{2}$)

より, 求める長さは

$$\int_0^1 \sqrt{1+x^2}\,dx = \int_1^{\sqrt{2}+1} \sqrt{1+\frac{1}{4}\left(t-\frac{1}{t}\right)^2}\,\frac{1}{2}\left(1+\frac{1}{t^2}\right)dt = \int_1^{\sqrt{2}+1} \frac{1}{2}\left(t+\frac{1}{t}\right)\frac{1}{2}\left(1+\frac{1}{t^2}\right)dt$$

$$= \frac{1}{4}\int_0^{\sqrt{2}+1}\left(t+\frac{2}{t}+\frac{1}{t^3}\right)dt = \frac{1}{4}\left[\frac{1}{2}\left(t^2-\frac{1}{t^2}\right)+2\log t\right]_1^{\sqrt{2}+1}$$

$$= \frac{1}{4}\left(\frac{(\sqrt{2}+1)^2-(\sqrt{2}-1)^2}{2}+2\log(\sqrt{2}+1)\right)$$

$$= \frac{\sqrt{2}}{2}+\frac{1}{2}\log(\sqrt{2}+1)$$

である.

補足

計算法1はなかなか大変である.

計算法2は双曲線関数を利用した置換法である. 双曲線関数については, 後ほどグラフの形状を考える.

計算法3は, 計算法2の e^t を t に変えたものである. この置換において, t を x で表して,

x, t の条件として変形すると

$$x = \frac{1}{2}\left(t - \frac{1}{t}\right) \ (t \geqq 0) \iff t^2 - 2xt - 1 = 0 \ (t \geqq 0)$$

∴ $t = x + \sqrt{x^2 + 1}$

となる．置換の指示がこの形で与えられた場合は，

$$\frac{1}{t} = \frac{1}{x + \sqrt{x^2+1}} = \frac{-x + \sqrt{x^2+1}}{-x^2 + (x^2+1)} = -x + \sqrt{x^2+1}$$

∴ $x = \dfrac{1}{2}\left(t - \dfrac{1}{t}\right)$, $\sqrt{x^2+1} = \dfrac{1}{2}\left(t + \dfrac{1}{t}\right)$

とする．

　これは，双曲線 $x^2 - y^2 = -1$ の $y > 0$ の部分と，直線 $x + y = t$ の交点を考えていることに相当するから，経験が無いと思いつき難いが再現は可能であろう．この直線は漸近線と平行だから，共有点は（あったとしても）1個である．

$$x + y = t, \ (x+y)(x-y) = 1$$

であるから，

$$x - y = \frac{1}{t}, \quad x = \frac{1}{2}\left(t - \frac{1}{t}\right), \ y = \sqrt{x^2+1} = \frac{1}{2}\left(t + \frac{1}{t}\right)$$

である．

2 次の極方程式で表される曲線の長さを求めよ．
(1) $r = 1 + \cos\theta$ （$0 \leq \theta < 2\pi$）
(2) $r = e^\theta$ （$0 \leq \theta < 2\pi$）

☆ 極方程式は，偏角をパラメータとするパラメータ表示
$$x = r\cos\theta,\ y = r\cos\theta$$
に書き直すことができる．速度ベクトルは
$$\vec{v} = \left(\frac{dr}{d\theta}\cos\theta - r\sin\theta,\ \frac{dr}{d\theta}\sin\theta + r\cos\theta\right)$$
$$= \frac{dr}{d\theta}(\cos\theta,\ \sin\theta) + r(-\sin\theta,\ \cos\theta)$$
となり，$(\cos\theta,\ \sin\theta)$，$(-\sin\theta,\ \cos\theta)$ が直交する単位ベクトルであるから，速さは
$$|\vec{v}| = \sqrt{\left(\frac{dr}{d\theta}\right)^2 + r^2}$$
である．これを踏まえて解いていこう．

解答

(1) $\dfrac{dr}{d\theta} = -\sin\theta$

∴ $\sqrt{\left(\dfrac{dr}{d\theta}\right)^2 + r^2} = \sqrt{\sin^2\theta + (1+\cos\theta)^2} = \sqrt{1 + 2\cos\theta + \cos^2\theta + \sin^2\theta}$

$= \sqrt{2(1+\cos\theta)} = \sqrt{2 \cdot 2\cos^2\dfrac{\theta}{2}} = 2\left|\cos\dfrac{\theta}{2}\right|$

より，求める長さは

$$\int_0^{2\pi} \sqrt{\left(\frac{dr}{d\theta}\right)^2 + r^2}\,d\theta = 2\int_0^{2\pi} \left|\cos\frac{\theta}{2}\right|d\theta = 2\left\{\int_0^{\pi} \cos\frac{\theta}{2}\,d\theta - \int_{\pi}^{2\pi}\cos\frac{\theta}{2}\,d\theta\right\}$$
$$= 2\left\{\left[2\sin\frac{\theta}{2}\right]_0^{\pi} - \left[2\sin\frac{\theta}{2}\right]_{\pi}^{2\pi}\right\} = 8$$

である．

(2) $\dfrac{dr}{d\theta} = e^\theta$ ∴ $\sqrt{\left(\dfrac{dr}{d\theta}\right)^2 + r^2} = \sqrt{e^{2\theta} + e^{2\theta}} = \sqrt{2}e^\theta$

より，求める長さは

$$\int_0^{2\pi}\sqrt{\left(\frac{dr}{d\theta}\right)^2 + r^2}\,d\theta = \int_0^{2\pi}\sqrt{2}e^\theta\,d\theta = \sqrt{2}[e^\theta]_0^{2\pi} = \sqrt{2}(e^{2\pi} - 1)$$

である．

3 n を 2 以上の整数とする．平面上に $n+2$ 個の点 O, P_0, P_1, ………, P_n があり，次の 2 つの条件を満たしている．

① $\angle P_{k-1}OP_k = \dfrac{\pi}{n}$ $(1 \leqq k \leqq n)$, $\angle OP_{k-1}P_k = \angle OP_0P_1$ $(2 \leqq k \leqq n)$

② 線分 OP_0 の長さは 1，線分 OP_1 の長さは $1+\dfrac{1}{n}$ である．

線分 $P_{k-1}P_k$ の長さを a_k とし，$s_n = \sum\limits_{k=1}^{n} a_k$ とおくとき，$\lim\limits_{n\to\infty} s_n$ を求めよ．

解答

図のように，相似な n 個の三角形ができ，相似比から

$$a_{k+1} = \left(1+\dfrac{1}{n}\right)a_k$$

$(k=1, 2, 3, \cdots\cdots, n-1)$

である(等比数列になる)．

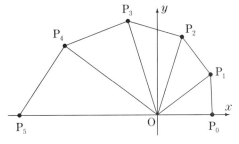

余弦定理より，

$$a_1 = P_0P_1 = \sqrt{1+\left(1+\dfrac{1}{n}\right)^2 - 2\left(1+\dfrac{1}{n}\right)\cos\dfrac{\pi}{n}}$$
$$= \sqrt{2\left(1+\dfrac{1}{n}\right)\left(1-\cos\dfrac{\pi}{n}\right) + \dfrac{1}{n^2}}$$

であるから，

$$s_n = \sum_{k=1}^{n} a_k = \sqrt{2\left(1+\dfrac{1}{n}\right)\left(1-\cos\dfrac{\pi}{n}\right) + \dfrac{1}{n^2}} \cdot \dfrac{\left(1+\dfrac{1}{n}\right)^n - 1}{\left(1+\dfrac{1}{n}\right) - 1}$$

$$= \left\{\left(1+\dfrac{1}{n}\right)^n - 1\right\}\sqrt{2n^2\left(1+\dfrac{1}{n}\right)\left(1-\cos\dfrac{\pi}{n}\right) + 1}$$

$$= \left\{\left(1+\dfrac{1}{n}\right)^n - 1\right\}\sqrt{\dfrac{2\pi^2\left(1+\dfrac{1}{n}\right)}{1+\cos\dfrac{\pi}{n}} \cdot \dfrac{\sin^2\dfrac{\pi}{n}}{\left(\dfrac{\pi}{n}\right)^2} + 1}$$

$$\to (e-1)\sqrt{\dfrac{2\pi^2(1+0)}{1+1}\cdot 1^2 + 1} = (e-1)\sqrt{\pi^2+1} \quad (n\to\infty)$$

となる．

※ 答えの意味は後ほど考えよう．

4 xy 平面の放物線 $C: y = \dfrac{1}{2}x^2$ 上に点 $\mathrm{P}\left(t, \dfrac{1}{2}t^2\right)$ $(t \geqq 0)$ をとる．点 P における放物線 C の接線 l が y 軸と交わる点を Q とし，C の焦点を F とする．

(1) $t > 0$ に対し，$\angle \mathrm{PQF} = \theta$ とおくとき，$\cos\theta$, $\sin\theta$ を t の式で表せ．

(2) C 上の弧 OP の長さを t の式で表せ．ただし，必要ならば，$u = x + \sqrt{1+x^2}$ と置換せよ．

(3) 放物線 C を，x 軸上を滑らさずに x 軸の正の向きに転がすとき，焦点 F が描く図形の方程式を求めよ．

解答

(1) l の方程式は
$$y = t(x-t) + \dfrac{1}{2}t^2 = tx - \dfrac{1}{2}t^2$$
である．また，各点の座標は
$$\mathrm{F}\left(0, \dfrac{1}{2}\right), \ \mathrm{Q}\left(0, -\dfrac{1}{2}t^2\right)$$
である．$t > 0$ より，
$$\cos\theta = \dfrac{t}{\sqrt{1+t^2}}, \ \sin\theta = \dfrac{1}{\sqrt{1+t^2}}$$
である．

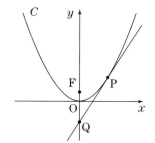

(2) 求める弧長は
$$\int_0^t \sqrt{1+x^2}\,dx$$
と表わされる．問題で与えられた置換を実行すると，
$$u = x + \sqrt{1+x^2}, \ \dfrac{1}{u} = -x + \sqrt{1+x^2},$$
$$\sqrt{1+x^2} = \dfrac{1}{2}\left(u + \dfrac{1}{u}\right), \ x = \dfrac{1}{2}\left(u - \dfrac{1}{u}\right),$$
$$du = \left(1 + \dfrac{x}{\sqrt{1+x^2}}\right)dx = \dfrac{u}{\sqrt{1+x^2}}\,dx$$
であるから，求める弧長は
$$\int_0^t \sqrt{1+x^2}\,dx = \int_1^\alpha \sqrt{1+x^2} \cdot \dfrac{\sqrt{1+x^2}}{u}\,du \quad (\alpha = t + \sqrt{1+t^2})$$
$$= \dfrac{1}{4}\int_1^\alpha \dfrac{1}{u}\left(u + \dfrac{1}{u}\right)^2 du = \dfrac{1}{4}\int_1^\alpha \left(u + \dfrac{2}{u} + \dfrac{1}{u^3}\right)du$$

$$= \frac{1}{4}\left[\frac{1}{2}u^2 + 2\log u - \frac{1}{2u^2}\right]_1^\alpha = \frac{1}{8}\left(\alpha^2 - \frac{1}{\alpha^2}\right) + \frac{1}{2}\log\alpha$$

$$= \frac{t\sqrt{1+t^2} + \log(t+\sqrt{1+t^2})}{2}$$

$$\left(\because \sqrt{1+t^2} = \frac{1}{2}\left(\alpha+\frac{1}{\alpha}\right),\ t = \frac{1}{2}\left(\alpha-\frac{1}{\alpha}\right)\right)$$

である．

(3) P が x 軸上に来るまで転がすと，図のようになる．このとき，線分 OP の長さは，放物線が滑った距離だから，(2) の弧長に等しい．

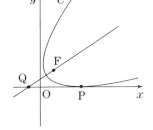

$F(X, Y)$ とおくと，

$$\overrightarrow{OF} = \overrightarrow{OQ} + \overrightarrow{QF} = -\begin{pmatrix} PQ-OP \\ 0 \end{pmatrix} + QF\begin{pmatrix}\cos\theta \\ \sin\theta\end{pmatrix}$$

$$= \begin{pmatrix}\dfrac{-t\sqrt{1+t^2} + \log(t+\sqrt{1+t^2})}{2} \\ 0\end{pmatrix} + \frac{1+t^2}{2}\cdot\frac{1}{\sqrt{1+t^2}}\begin{pmatrix}t \\ 1\end{pmatrix}$$

$$= \frac{1}{2}\begin{pmatrix}\log(t+\sqrt{1+t^2}) \\ \sqrt{1+t^2}\end{pmatrix}$$

$$\therefore\ \begin{cases}X = \dfrac{1}{2}\log(t+\sqrt{1+t^2}) \\ Y = \dfrac{1}{2}\sqrt{1+t^2}\end{cases}\ (t>0)$$

となる (これは $t=0$ でも成り立つ)．第2式は，$X,\ t$ の条件として変形すると

$$X = \frac{1}{2}\log(t+\sqrt{1+t^2}) \iff t+\sqrt{1+t^2} = e^{2X} \iff t = \frac{2^{2X} - e^{-2X}}{2}$$

$$\left(\because\ e^{-2X} = \frac{1}{t+\sqrt{1+t^2}} = -t + \sqrt{1+t^2}\right)$$

であり，$t\ (\geqq 0)$ が存在する条件は

$$X \geqq 0$$

である．よって，$F(X, Y)$ は

$$Y = \frac{1}{2}\cdot\frac{e^{2X} + e^{-2X}}{2}\ (X \geqq 0)$$

を満たして動き，求める方程式は

$$y = \frac{e^{2x} + e^{-2x}}{4} = \frac{1}{2}\cosh 2x\ (x \geqq 0)$$

である．

4. 曲線と微分方程式

ここまでに様々な曲線が登場してきた．それらに関して，いくつか補足していきたい．

1. サイクロイド

『 $x = t - \sin t,\ y = 1 - \cos t\ (0 \leq t \leq 2\pi)$ 』

中心 $(0,\ 1)$，半径 1 の円を xy 平面上の x 軸に載せたまま右方向に滑らないように転がす．このとき，円上の定点 P が原点 $(0,\ 0)$ を出発するとする．

円が角 $t\ (0 \leq t \leq 2\pi)$ だけ回転したときの点 P の座標が $(t - \sin t,\ 1 - \cos t)$ である．

なぜなら，

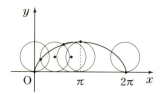

$$\overrightarrow{\text{OP}} = \begin{pmatrix} t \\ 1 \end{pmatrix} + \begin{pmatrix} \cos\left(\frac{3\pi}{2} - t\right) \\ \sin\left(\frac{3\pi}{2} - t\right) \end{pmatrix}$$

$$= \begin{pmatrix} t - \sin t \\ 1 - \cos t \end{pmatrix}$$

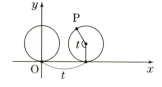

となるからである．

2. アステロイド

『 $x = \cos^3 t,\ y = \sin^3 t\ (0 \leq t \leq 2\pi)$ 』

中心 $\left(\frac{3}{4},\ 0\right)$，半径 $\frac{1}{4}$ の円を xy 平面上の円 $x^2 + y^2 = 1$ に内接させながら，中心が反時計回りに動くよう，滑らないように転がす．このとき，円上の定点 P が点 $(1,\ 0)$ を出発するとする．

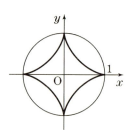

円が角 $t\ (0 \leq t \leq 2\pi)$ だけ回転したときの点 P の座標が $(\cos^3 t,\ \sin^3 t)$ である．

なぜなら，

$$\overrightarrow{\text{OP}} = \frac{3}{4}\begin{pmatrix} \cos t \\ \sin t \end{pmatrix} + \frac{1}{4}\begin{pmatrix} \cos(t - 4t) \\ \sin(t - 4t) \end{pmatrix}$$

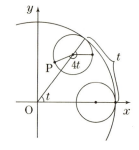

$$= \frac{1}{4}\begin{pmatrix} \cos t + \cos 3t \\ \sin t - \sin 3t \end{pmatrix} = \begin{pmatrix} \cos^3 t \\ \sin^3 t \end{pmatrix}$$

となるからである.

アステロイドには別の側面もある.

アステロイドの第1象限の点 $P(\cos^3 t, \sin^3 t)$ における接線は,速度ベクトル $\vec{v}$ が

$\vec{v} = 3\cos t\sin t(-\cos t, \sin t)$

∴ $\vec{v} \cdot (\sin t, \cos t) = 0$

より,$(\sin t, \cos t)$ と直交するので,

$(\sin t)(x - \cos^3 t) + (\cos t)(y - \sin^3 t) = 0$

∴ $(\sin t)x + (\cos t)y = \sin t\cos t$

となる.ゆえに,x 軸,y 軸との交点をそれぞれ A,B とすると

$A(\cos t, 0)$,$B(0, \sin t)$ ∴ $AB = 1$(一定)

である.

逆に考えると,アステロイドは,「x 軸,y 軸上に端点をもつ長さ1の線分の通過領域の境界線」である.

3.インボリュート

『 $x = \cos t + t\sin t$,$y = \sin t - t\cos t$ $(0 \leqq t \leqq 2\pi)$ 』

半径1の糸巻きから糸をピンと張りながら解いていく.

右図のように糸巻きの中心が原点,解き始めの糸の端点 P が x 軸上の点 $A(1, 0)$ にあるとしたとき,解かれた糸の直線部分と糸巻きとの接点 Q と原点 O を結ぶ動径の x 軸からの回転角を t とする.このとき,糸の端点 P の座標が $P(\cos t + t\sin t, \sin t - t\cos t)$ である.

なぜなら,

$$\vec{OP} = \begin{pmatrix} \cos t \\ \sin t \end{pmatrix} + t\begin{pmatrix} \sin t \\ -\cos t \end{pmatrix}$$
$$= \begin{pmatrix} \cos t + t\sin t \\ \sin t - t\cos t \end{pmatrix}$$

となるからである.

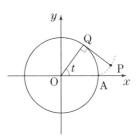

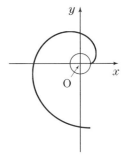

4．カージオイド（心臓形）

『$r = 1 + \cos\theta \quad (0 \leqq \theta < 2\pi)$』

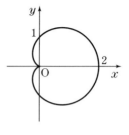

右のような形であるが，これまでと同様に図形的な解釈ができる．

中心 $\left(\dfrac{3}{2},\ 0\right)$，半径 $\dfrac{1}{2}$ の円を xy 平面上の円 $\left(x - \dfrac{1}{2}\right)^2 + y^2 = \dfrac{1}{4}$ に外接させながら，中心が反時計回りに動くよう，滑らないように転がす．このとき，円上の定点 P が点 $(2,\ 0)$ を出発するとする．

円が角 θ $(0 \leqq \theta \leqq 2\pi)$ だけ回転したときの点 P の座標が $((1+\cos\theta)\cos\theta,\ (1+\cos\theta)\sin\theta)$ である．

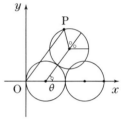

なぜなら，

$$\overrightarrow{\mathrm{OP}} = \frac{1}{2}\begin{pmatrix}1\\0\end{pmatrix} + \begin{pmatrix}\cos\theta\\\sin\theta\end{pmatrix} + \frac{1}{2}\begin{pmatrix}\cos 2\theta\\\sin 2\theta\end{pmatrix} = \frac{1}{2}\begin{pmatrix}1 + 2\cos\theta + 2\cos^2\theta - 1\\2\sin\theta + 2\sin\theta\cos\theta\end{pmatrix}$$

$$= (1+\cos\theta)\begin{pmatrix}\cos\theta\\\sin\theta\end{pmatrix}$$

となるからである．

5．等角螺旋

『$r = e^{a\theta} \quad (a\text{ は定数})$』

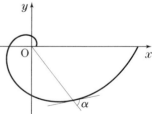

点 P$(e^{a\theta}\cos\theta,\ e^{a\theta}\sin\theta)$ における速度ベクトルは

$$\vec{v} = ae^{a\theta}(\cos\theta,\ \sin\theta) + e^{a\theta}(-\sin\theta,\ \cos\theta)$$

であり，P の位置ベクトルとのなす角を α とおくと，

$$\cos\alpha = \frac{\vec{v}\cdot\overrightarrow{\mathrm{OP}}}{|\vec{v}||\overrightarrow{\mathrm{OP}}|} = \frac{ae^{2a\theta}}{\sqrt{(a^2+1)e^{2a\theta}}\,e^{a\theta}} = \frac{a}{\sqrt{a^2+1}} \quad (\text{一定})$$

となる．

これは，微分方程式のグラフ系 8 の設定と一致する（そこでの θ が α になっていることに注意）．そこでの答えは，

Ⅳ. 補講　4．曲線と微分方程式

○　$\sin\alpha = 0$ のとき，原点を通る直線
$$y = Cx \ (x > 0)$$
である．

○　$\sin\alpha \neq 0$ のとき，
$$\log(x^2 + y^2) = \frac{2}{\tan\alpha} g\left(\frac{y}{x}\right) + C$$
である．右辺の $g(x)$ は
$$g(x) = \int_0^x \frac{dt}{1+t^2}$$
であり，tan を用いて置換すると，
$$g(x) = (\text{tan に代入すると } x \text{ になる角度})$$
つまり，$\tan x$ の逆関数となることが分かる．

簡単のために $-\dfrac{\pi}{2} < \theta < \dfrac{\pi}{2}$ に制限し，$x = r\cos\theta$，$y = r\sin\theta$ を代入すると，極方程式：
$$\log(r^2) = \frac{2}{\tan\alpha} g\left(\frac{r\sin\theta}{r\cos\theta}\right) + C \iff \log r = \frac{\theta}{\tan\alpha} + C$$
$$\therefore \quad r = e^{\frac{\theta}{\tan\alpha} + C} = Ae^{a\theta} \ \left(A = e^C, \ a = \frac{1}{\tan\alpha}\right)$$
を得ることができて，
$$\cos\alpha = \frac{1}{\sqrt{1 + \tan^2\alpha}} = \frac{a}{\sqrt{a^2+1}}$$
である．これで，微分方程式のグラフ系 $\boxed{8}$ の答えも等角螺旋であることが分かった．

最後に，弧長編 $\boxed{3}$ の答えの意味は分かるだろうか？

$n+1$ 個の点をつなぐ折れ線 $\mathrm{P}_0\mathrm{P}_1\cdots\cdots\mathrm{P}_n$ の極限図形を極方程式で表すと，
$$\theta = 0 \text{ で } r = 1, \ \theta = \pi \text{ で } r = e, \ r \text{ は } \theta \text{ に比例}$$
より，
$$r = e^{\frac{\theta}{\pi}} \ (0 \leq \theta \leq \pi)$$
で表される．実際，この曲線の長さは
$$\frac{dr}{d\theta} = \frac{1}{\pi} e^{\frac{\theta}{\pi}} \quad \therefore \quad |\vec{v}| = \sqrt{\left(\frac{dr}{d\theta}\right)^2 + r^2} = \sqrt{\frac{1}{\pi^2} + 1}\, e^{\frac{\theta}{\pi}}$$
$$\therefore \quad \int_0^\pi \sqrt{\left(\frac{dr}{d\theta}\right)^2 + r^2}\, d\theta = \sqrt{\frac{1}{\pi^2} + 1} \int_0^\pi e^{\frac{\theta}{\pi}}\, d\theta = \sqrt{\frac{1}{\pi^2} + 1} \left[\pi e^{\frac{\theta}{\pi}}\right]_0^\pi$$
$$= \sqrt{\pi^2 + 1}\,(e - 1)$$
であり，弧長編 $\boxed{3}$ の答えと一致する．

6. カテナリー（懸垂線）

$$y = \frac{e^x + e^{-x}}{2}$$

これは，双曲余弦関数と呼ばれ，

$$\cosh x = \frac{e^x + e^{-x}}{2}$$

と書く．また，双曲正弦関数は

$$(\cosh x)' = \frac{e^x - e^{-x}}{2} = \sinh x$$

であり (弧長編 1 の 計算法 2)，双曲正接関数は

$$\tanh x = \frac{\sinh x}{\cosh x} = \frac{e^x - e^{-x}}{e^x + e^{-x}}$$

である (微分方程式の理論 例題 4)．
では，カテナリーの形状を分析しよう．

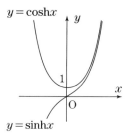

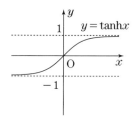

問 水平な天井に $2k$ だけ離れた 2 点 K, L がある．長さが $2l$ のヒモの端点を K, L に固定し，ヒモを天井から吊るす．ただし，$l > k > 0$ であり，ヒモは長さ 1 あたりの重さが 1 であるとする．

ヒモの最下点を A とおく．A を通る鉛直方向の直線に関してヒモが対称になることは認めよう．

A からヒモに沿って L 側に s だけ離れた点を P(s) とする $(0 \leqq s \leqq l)$．P(s) と P(s + Δs) (Δs > 0) の間の部分に働く張力と重力の釣り合いを考えると，適当な座標系における微分方程式を構成できる．それを利用して，ヒモの形（カテナリー，懸垂線）を表す方程式が $y = \alpha(e^{\beta x} + e^{-\beta x}) + \gamma$ という形で表せることを示せ．
（ただし，曲線が滑らかであることは仮定する．）

解答

K$(-k, 0)$, L$(k, 0)$ である．

P$(s) = (x(s), y(s))$ $(0 \leqq s \leqq l)$ $(x(l) = k, y(l) = 0, x(0) = 0)$

とおく．ここで，s は曲線の長さであるから，

Ⅳ. 補講　4．曲線と微分方程式

$$s = \int_0^s \sqrt{\left(\dot{x}(t)\right)^2 + \left(\dot{y}(t)\right)^2}\, dt \quad \therefore \quad \left(\dot{x}(s)\right)^2 + \left(\dot{y}(s)\right)^2 = 1 \ (0 \leqq s \leqq l)$$

が成り立つ．（・は s での微分を表す）

いま，$P(s)$ における張力の大きさを $T(s)$ とおくと，微小区間での張力と重力の釣り合いから，

$$-T(s)\begin{pmatrix}\dot{x}(s)\\\dot{y}(s)\end{pmatrix} + \begin{pmatrix}0\\-\Delta s\end{pmatrix} + T(s+\Delta s)\begin{pmatrix}\dot{x}(s+\Delta s)\\\dot{y}(s+\Delta s)\end{pmatrix} = \vec{0}$$

$$\therefore \quad \begin{cases} \dfrac{T(s+\Delta s)\dot{x}(s+\Delta s) - T(s)\dot{x}(s)}{\Delta s} = 0 \\[2mm] \dfrac{T(s+\Delta s)\dot{y}(s+\Delta s) - T(s)\dot{y}(s)}{\Delta s} = 1 \end{cases}$$

が成り立つ．$\Delta s \to 0$ として，

$$\begin{cases} \dfrac{d}{ds}(T(s)\dot{x}(s)) = 0 \\[2mm] \dfrac{d}{ds}(T(s)\dot{y}(s)) = 1 \end{cases} \quad \therefore \quad {}^\exists a,\, b \in \mathbb{R}, \quad \begin{cases} T(s)\dot{x}(s) = a \\ T(s)\dot{y}(s) = s + b \end{cases},\ a > 0$$

であるから，

$$\frac{dy}{dx} = \frac{\dot{y}(s)}{\dot{x}(s)} = \frac{1}{a} s + \frac{b}{a} = \frac{1}{a}\int_0^{x(s)} \sqrt{1 + \left(\frac{dy}{dx}\right)^2}\, dx + \frac{b}{a}$$

となる．$s = 0$ において $x = 0$，$\dfrac{dy}{dx} = 0$ であるから，$b = 0$ となることが分かり，

$$\frac{dy}{dx} = \frac{1}{a}\int_0^{x(s)} \sqrt{1 + \left(\frac{dy}{dx}\right)^2}\, dx \iff \frac{d^2 y}{dx^2} = \frac{1}{a}\cdot\sqrt{1 + \left(\frac{dy}{dx}\right)^2} \quad \left(\because \left.\frac{dy}{dx}\right|_{x=0} = 0\right)$$

$$\iff \frac{d^3 y}{dx^3} = \frac{1}{a}\cdot\frac{1}{2}\cdot\frac{2\cdot\dfrac{dy}{dx}\cdot\dfrac{d^2 y}{dx^2}}{\sqrt{1 + \left(\dfrac{dy}{dx}\right)^2}} = \frac{1}{a^2}\cdot\frac{dy}{dx} \quad \text{かつ} \quad \left.\frac{d^2 y}{dx^2}\right|_{x=0} = \frac{1}{a}$$

である．

$$\frac{d^3 y}{dx^3} = \frac{1}{a^2}\cdot\frac{dy}{dx} \iff \begin{cases} \dfrac{d^3 y}{dx^3} - \dfrac{1}{a}\cdot\dfrac{d^2 y}{dx^2} = -\dfrac{1}{a}\left(\dfrac{d^2 y}{dx^2} - \dfrac{1}{a}\cdot\dfrac{dy}{dx}\right) \\[2mm] \dfrac{d^3 y}{dx^3} + \dfrac{1}{a}\cdot\dfrac{d^2 y}{dx^2} = \dfrac{1}{a}\left(\dfrac{d^2 y}{dx^2} + \dfrac{1}{a}\cdot\dfrac{dy}{dx}\right) \end{cases}$$

$$\iff {}^\exists A,\, B \in \mathbb{R}, \ \begin{cases} \dfrac{d^2 y}{dx^2} - \dfrac{1}{a}\cdot\dfrac{dy}{dx} = Ae^{-\frac{1}{a}x} \\[2mm] \dfrac{d^2 y}{dx^2} + \dfrac{1}{a}\cdot\dfrac{dy}{dx} = Be^{\frac{1}{a}x} \end{cases} \iff {}^\exists A,\, B \in \mathbb{R}, \ \frac{dy}{dx} = \frac{a}{2}\left(Be^{\frac{1}{a}x} - Ae^{-\frac{1}{a}x}\right)$$

より，

107

$$y = a^2 \cdot \frac{Be^{\frac{1}{a}x} + Ae^{-\frac{1}{a}x}}{2} + C \quad (A,\ B,\ C \in \mathbb{R})$$

と表せて，初期条件：$\dfrac{dy}{dx} = 0,\ \dfrac{d^2y}{dx^2} = \dfrac{1}{a}\ (x=0)$ から，

$$y = \frac{a}{2}\left(e^{\frac{1}{a}x} + e^{-\frac{1}{a}x}\right) + C \quad \left(A = B = \frac{1}{a}\right)$$

である．また，$x = k$ で $y = 0$ であるから，

$$C = -\frac{a}{2}\left(e^{\frac{1}{a}k} + e^{-\frac{1}{a}k}\right)$$

である．さらに，ヒモの長さの情報から，a は

$$l = \int_0^k \sqrt{1 + \left(\frac{dy}{dx}\right)^2}\, dx = \frac{1}{a} \cdot \frac{dy}{dx}\bigg|_{x=k} = \frac{a}{2}\left(e^{\frac{1}{a}k} - e^{-\frac{1}{a}k}\right)$$

を満たす数である（a が1つしかないことが右のグラフから分かる！）．

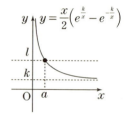

これで題意は示された．

補足

弧長パラメータを設定したおかげで，簡単に微分方程式を作ることができた！

a が1つだけあることを確認するには，

$$l = \frac{k}{2} \cdot \frac{e^t - e^{-t}}{t} \quad \left(t = \frac{1}{a}k\right) \quad \text{i.e.} \quad \frac{l}{k}t = \frac{e^t - e^{-t}}{2}$$

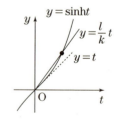

と変形して t の個数を見る方が分かりやすいかも知れない．

7. 円

答えが円になる問題は微分方程式のグラフ系 3 があるが，グラフ系 8 の等角螺旋：

$$r = e^{a\theta} \quad (a\ \text{は定数})$$

で $a = 0$ のものは円である．つまり，「円周上の点Pと中心を結ぶ直線は，Pにおける接線と直交する」という性質が，等角螺旋の $\alpha = \dfrac{\pi}{2}$ に対応している．

ここでは，円が「等周問題」の解になるということを見ておこう．つまり，『一定の長さのヒモの輪を使って最大面積の図形を作ると円になる』である．

Ⅳ. 補講　4. 曲線と微分方程式

問 L を正の定数とするとき，次の問いに答えよ．

(1) 関数 $u(t)$ $(0 \leqq t \leqq L)$ は，$u(0)=u(L)=0$ を満たす微分可能な関数で，$u'(t)$ も連続な関数とする．$0<t<L$ に対して，$v(t)=\dfrac{u(t)}{\sin\dfrac{\pi}{L}t}$ とおくとき，$\displaystyle\lim_{t\to+0}v(t)$, $\displaystyle\lim_{t\to+0}v(L-t)$ を $u(t)$, $u'(t)$ を用いて表せ．

(2) (1) の $u(t)$ に対して，
$$\lim_{a\to+0}\int_a^{L-a}\left\{\{u'(t)\}^2-\frac{\pi^2}{L^2}\{u(t)\}^2\right\}dt \geqq 0$$
を示せ．また，等号が成り立つときの $u(t)$ を求めよ．

(3) 曲線 $C:(x(t),\ y(t))$ $(0\leqq t\leqq L)$ がある．$0\leqq t\leqq L$ に対して，$x(t)$, $y(t)$ はともに微分可能で，$x'(t)$, $y'(t)$ は連続とし，$\{x'(t)\}^2+\{y'(t)\}^2=1$ を満たす．さらに，$0<t<L$ に対して，$x'(t)>0$, $y(t)>0$ かつ $x(0)=0$, $y(0)=y(L)=0$ を満たすとする．このとき，C と x 軸で囲まれる部分の面積を S とすれば，
$$L^2\geqq 2\pi S$$
が成り立つことを示せ．また，等号が成り立つときの C を図示せよ．

解答の前に…

大学入試問題としてかなりの難問．(2) では高度な数学的先見性が求められる．(2) を認めて (3) を示すだけでもなかなか大変だろう．また，

「なぜ (2) は極限で書かれているのか？」「(3) の等速条件の意味は？」

などの疑問が生じるだろうか．

(1) の解答

微分係数の定義から，求める極限は次の通り：

$$\lim_{t\to+0}v(t)=\lim_{t\to+0}\frac{\dfrac{\pi}{L}t}{\sin\dfrac{\pi}{L}t}\cdot\frac{u(t)-u(0)}{t}\cdot\frac{L}{\pi}=\frac{L}{\pi}u'(0),$$

$$\lim_{t\to+0}v(L-t)=\lim_{t\to+0}\frac{\dfrac{\pi}{L}t}{\sin\dfrac{\pi}{L}t}\cdot\frac{u(L-t)-u(L)}{(L-t)-L}\cdot\frac{-L}{\pi}=-\frac{L}{\pi}u'(L)$$

*　　　　　　　　　*

(2) の解答の前に…

$u(t)$, $u'(t)$ が連続であるから,極限

$$\lim_{a \to +0} \int_a^{L-a} \left\{ \{u'(t)\}^2 - \frac{\pi^2}{L^2} \{u(t)\}^2 \right\} dt$$

は有限確定値として存在する (詳細は解答中で述べる).

わざわざ広義積分の形で書かれているということは,$t=0$, L で定義されない関数 $v(t)$ を利用するということであろう.

(2) の解答

(1) より,$0 < t < L$ において

$$u(t) = v(t) \sin \frac{\pi}{L} t , \quad u'(t) = v'(t) \sin \frac{\pi}{L} t + \frac{\pi}{L} v(t) \cos \frac{\pi}{L} t$$

$$\therefore \quad \{u'(t)\}^2 - \frac{\pi^2}{L^2} \{u(t)\}^2 = \frac{\pi^2}{L^2} \{v(t)\}^2 \left(\cos^2 \frac{\pi}{L} t - \sin^2 \frac{\pi}{L} t \right)$$
$$+ 2 \frac{\pi}{L} v'(t) v(t) \sin \frac{\pi}{L} t \cos \frac{\pi}{L} t + \{v'(t)\}^2 \sin^2 \frac{\pi}{L} t$$
$$= \frac{\pi^2}{L^2} \{v(t)\}^2 \cos \frac{2\pi}{L} t + \frac{\pi}{L} v'(t) v(t) \sin \frac{2\pi}{L} t + \{v'(t)\}^2 \sin^2 \frac{\pi}{L} t$$
$$= \frac{\pi}{2L} \left(\{v(t)\}^2 \sin \frac{2\pi}{L} t \right)' + \{v'(t)\}^2 \sin^2 \frac{\pi}{L} t$$

である (2 倍角の公式と積の微分公式を用いた) から,

$$\int_a^{L-a} \left\{ \{u'(t)\}^2 - \frac{\pi^2}{L^2} \{u(t)\}^2 \right\} dt = \int_a^{L-a} \left\{ \frac{\pi}{2L} \left(\{v(t)\}^2 \sin \frac{2\pi}{L} t \right)' + \{v'(t)\}^2 \sin^2 \frac{\pi}{L} t \right\} dt$$
$$\geq \frac{\pi}{2L} \int_a^{L-a} \left(\{v(t)\}^2 \sin \frac{2\pi}{L} t \right)' dt = \frac{\pi}{2L} \left[\{v(t)\}^2 \sin \frac{2\pi}{L} t \right]_a^{L-a}$$
$$= \frac{\pi}{2L} \left(\{v(L-a)\}^2 \sin \frac{2\pi}{L} (L-a) - \{v(a)\}^2 \sin \frac{2\pi}{L} a \right)$$

$$\therefore \quad \lim_{a \to +0} \int_a^{L-a} \left\{ \{u'(t)\}^2 - \frac{\pi^2}{L^2} \{u(t)\}^2 \right\} dt \geq \frac{\pi}{2L} \left(\left\{ -\frac{L}{\pi} u'(L) \right\}^2 \cdot 0 - \left\{ \frac{L}{\pi} u'(0) \right\}^2 \cdot 0 \right) = 0$$

となる (最後の部分に (1) を用いた).ここで,被積分関数が連続なので,

$$\int_a^{L-a} \left\{ \{u'(t)\}^2 - \frac{\pi^2}{L^2} \{u(t)\}^2 \right\} dt$$

は a の関数として見たら微分可能で,当然,連続である.よって,

$$\lim_{a \to +0} \int_a^{L-a} \left\{ \{u'(t)\}^2 - \frac{\pi^2}{L^2} \{u(t)\}^2 \right\} dt = \int_0^L \left\{ \{u'(t)\}^2 - \frac{\pi^2}{L^2} \{u(t)\}^2 \right\} dt$$

である.

IV. 補講　4. 曲線と微分方程式

$$\lim_{a\to +0}\int_a^{L-a}\left\{\{u'(t)\}^2-\frac{\pi^2}{L^2}\{u(t)\}^2\right\}dt$$

は有限確定値として存在するから，極限値の大小比較は可能である．

最後に，等号が成立するために $v(t)$ （つまり $U(t)$）が満たす条件は，

$$\{v'(t)\}^2\sin^2\frac{\pi}{L}t=0 \iff v'(t)=0\ (0<t<L) \iff {}^\exists A\in\mathbb{R},\ v(t)=A\ (0\leq t\leq L)$$

$$\therefore\quad u(t)=A\sin\frac{\pi}{L}t\ (0\leq t\leq L)$$

と表せることである．ここで，「0 以上の値をとる連続関数で，0 より大きい値をとる点が1つでもあれば，定積分の値は 0 より大きくなる」という事実を用いた．

*　　　　　　　　　　　　　*

注1　上の事実を確認しておこう：

0 より大きい値をとる点があるとしたら，十分小さい正の数 ε をとると，連続性から，ある区間で関数値は常に ε より大きくできる．この区間の幅より小さい正数 δ をとると，定積分の値は $\varepsilon\delta$ 以上である．

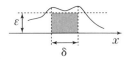

注2　$\displaystyle\lim_{a\to +0}\int_a^{L-a}\left\{\{u'(t)\}^2-\frac{\pi^2}{L^2}\{u(t)\}^2\right\}dt$ が有限確定値として存在すると分からなければ，

$$\lim_{a\to +0}\int_a^{L-a}\left\{\{u'(t)\}^2-\frac{\pi^2}{L^2}\{u(t)\}^2\right\}dt\geq 0$$

という式は意味をなさない．存在しない場合はもちろん，∞ に発散する場合も，"数"ではないので不等式には当てはめられない．

(3) の解答

$x'(t)>0,\ y(t)>0$ より，

$$S=\int_0^{x(L)}y(t)\,dx=\int_0^L y(t)x'(t)\,dt$$

である．(2) の $u(t)$ を $y(t)$ に変えることができて，

$$\int_0^L\left(\{y'(t)\}^2-\frac{\pi^2}{L^2}\{y(t)\}^2\right)dt\geq 0$$

である．これと，$\{x'(t)\}^2+\{y'(t)\}^2=1$ を利用して，

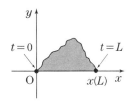

$$L^2 - 2\pi \int_0^L y(t)x'(t)\,dt$$

が 0 以上になることを示す.

$$\int_0^L \left(\{y'(t)\}^2 - \frac{\pi^2}{L^2}\{y(t)\}^2\right)dt = \int_0^L \left(1 - \{x'(t)\}^2 - \frac{\pi^2}{L^2}\{y(t)\}^2\right)dt$$
$$= L - \int_0^L \left(\{x'(t)\}^2 + \frac{\pi^2}{L^2}\{y(t)\}^2\right)dt$$

$$\therefore \quad L^2 \geqq L\int_0^L \left(\{x'(t)\}^2 + \frac{\pi^2}{L^2}\{y(t)\}^2\right)dt \quad (\because (2))$$

より,

$$L^2 - 2\pi \int_0^L y(t)x'(t)\,dt \geqq L\int_0^L \left(\{x'(t)\}^2 - 2\frac{\pi}{L}y(t)x'(t) + \frac{\pi^2}{L^2}\{y(t)\}^2\right)dt$$
$$= L\int_0^L \left(x'(t) - \frac{\pi}{L}y(t)\right)^2 dt \geqq 0$$

であり, これで示された.

(2) より, 等号が成立する条件は, 実数 A を用いて,

$$\begin{cases} x'(t) - \dfrac{\pi}{L}y(t) = 0 \\ y(t) = A\sin\dfrac{\pi}{L}t \end{cases} \text{i.e.} \quad \begin{cases} x'(t) = \dfrac{\pi}{L}A\sin\dfrac{\pi}{L}t \\ y(t) = A\sin\dfrac{\pi}{L}t \end{cases} \quad (0 \leqq t \leqq L)$$

と表せることであるが, $x(0) = 0$ より,

$$\begin{cases} x(t) = A\left(1 - \cos\dfrac{\pi}{L}t\right) \\ y(t) = A\sin\dfrac{\pi}{L}t \end{cases} \quad (0 \leqq t \leqq L)$$

である. $\{x'(t)\}^2 + \{y'(t)\}^2 = 1$ より,

$$\left(\frac{\pi}{L}A\right)^2 = 1 \quad \text{i.e.} \quad A = \frac{L}{\pi}$$

$$\therefore \quad \begin{cases} x(t) = \dfrac{L}{\pi}\left(1 - \cos\dfrac{\pi}{L}t\right) \\ y(t) = \dfrac{L}{\pi}\sin\dfrac{\pi}{L}t \end{cases} \quad (0 \leqq t \leqq L)$$

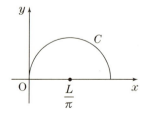

である.

よって, $L^2 = 2\pi S$ が成り立つような C は, 図のような半円である.

*　　　　　　　　*

Ⅳ. 補講　4. 曲線と微分方程式

補足

等速条件：$\{x'(t)\}^2+\{y'(t)\}^2=1$ の意味を考えよう．

C 上の動点 $(x(t),\ y(t))$ の速さが常に 1 であるということは，時刻 0 から T までの移動距離，つまり，C の $(0,\ 0)$ から $(x(T),\ y(T))$ までの部分の長さが

$$\int_0^T \sqrt{\{x'(t)\}^2+\{y'(t)\}^2}\,dt = \int_0^T dt = T$$

ということである．

よって，C の $(0,\ 0)$ から $(x,\ y)$ までの部分の長さをパラメータ t として

$(x,\ y)=(x(t),\ y(t))$

と表しており，L は C の全長である．

さて，この問題において，$x'(t)>0$ の仮定は，S を立式する際に利用しただけで，仮定が無くても，t で置換したら S は同じ積分で表される．

また，終点の x 座標がどこであっても弧長が L で $y \geqq 0$ の部分にある曲線と x 軸で囲まれる部分の部分の面積 S は，同じ積分で表せる．

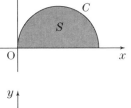

(3) から，L を固定したら，$L^2 \geqq 2\pi S$ が成り立ち，

$L^2 = 2\pi S$

となるのは半円のときだけである．つまり，このときに S は最大である．

これが「等周問題」と呼ばれるもので，『一定の長さのヒモの輪を使って最大面積の図形を作ると円になる』が結論である．

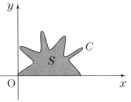

5. 漸化式と微分方程式

　Ⅰ．**微分方程式の理論の** 例題 5 の解説部分で述べたように，観測結果（離散データ）から得られるのは漸化式であり，それを連続的に捉え直したのが微分方程式である．漸化式のままで考えるのと，微分方程式に直してから考えるのとで，結果はどう変わってくるのだろう？ Ⅲ．**解答編**　1．**基本計算** 7 の解説では，類似性について述べた．実際には，よく似た結果になって"自然"さを感じることもあれば，食い違いがあって離散と連続の差異を実感することもある．本書の最後に，そういったことを少し考えてみたい．

　関数 $f(x)$ の値を，$x=0$ から順に $\Delta x (>0)$ 刻みで観測する．
$$f(0),\ f(\Delta x),\ f(2\cdot\Delta x),\ f(3\cdot\Delta x),\ \cdots\cdots$$
そうすると，$a_n = f(n\cdot\Delta x)\ (n=0,\ 1,\ 2,\ 3,\ \cdots\cdots)$ とおくことで数列 $\{a_n\}$ が定まる．
　平均値の定理により，
$$\frac{a_{n+1}-a_n}{\Delta x} = \frac{f((n+1)\cdot\Delta x)-f(n\cdot\Delta x)}{\Delta x} = f'((n+c)\cdot\Delta x)\ (0<c<1)$$
となる c が存在する．Δx が十分小さいとき，
$$f'((n+c)\cdot\Delta x) \fallingdotseq f'(n\cdot\Delta x)$$
と近似することは許されるだろう．$a_{n+1}-a_n \rightleftarrows \Delta x \cdot f'(x)$ とすることで，漸化式と微分方程式の行き来ができそうである．

　実際にやってみよう！
　微分可能な関数 $f(x)$ が
$$f(0)=1,\ f'(x)=f(x)$$
を満たすとき，$f(x)=e^x$ である．

　この微分方程式を元に数列 $\{a_n\}$ を $a_n = f(n\cdot\Delta x)\ (n=0,\ 1,\ 2,\ \cdots\cdots)$ で定め，漸化式を作成して，一般項を求めてみよう．漸化式は
$$a_0 = 1,\ a_{n+1}-a_n = \Delta x \cdot a_n\ (n=0,\ 1,\ 2,\ \cdots\cdots)$$
である．$a_{n+1}=(1+\Delta x)a_n$ であるから，$\{a_n\}$ は等比数列である．一般項は
$$a_n = (1+\Delta x)^n\ (n=0,\ 1,\ 2,\ \cdots\cdots)$$
である．これが
$$f(n\cdot\Delta x) = e^{n\cdot\Delta x}$$
とどういう関係にあるだろう？

Ⅳ．補講　5．漸化式と微分方程式

$\lim_{x \to 0}(1+x)^{\frac{1}{x}}=e$ であるから，Δx が十分小さいとき，

$$(1+\Delta x)^n = \left((1+\Delta x)^{\frac{1}{\Delta x}}\right)^{n \cdot \Delta x} \fallingdotseq e^{n \cdot \Delta x}$$

である．何とも素敵な一致である．

以前に，「微分に対応するのが階差数列，積分に対応するのが和である」と述べた．前半については，先ほど書いた通りである．後半は区分求積から分かる．ここでは，漸化式から得られる階差数列の情報を使って和を求める．

$$a_0 = 1,\ a_{n+1} - a_n = \Delta x \cdot a_n\ (n = 0,\ 1,\ 2,\ \cdots\cdots)$$

であるから，

$$\sum_{k=0}^{n} a_k = \sum_{k=0}^{n} \frac{a_{k+1} - a_k}{\Delta x} = \frac{a_{n+1} - a_0}{\Delta x}$$

である．最初と最後の差になる辺り，積分と同じような計算になっている．

一般に，$\{a_n\}$ の初項から第 n 項までの和を S_n と表すとき，

・$a_1 = S_1$　・$n \geqq 2$ に対し，$a_n = S_n - S_{n-1}$

である．和が求まる数列であれば，a_n を"次々と消えていく差に分ける"ことができる．それを漸化式の状態で実行した．

別の漸化式でも，階差数列と微分，和と積分について考えてみよう．

以後，漸化式と微分方程式の関連を確かめるときの"書き換え"については，

$$a_n \rightleftarrows f(x),\ a_{n+1} - a_n \rightleftarrows f'(x)$$

としていこう．

例　　$f(0) = 2,\ f'(x) = 2f(x) + 4$

について考えたい．対応する漸化式として

$$a_0 = 2,\ a_{n+1} - a_n = 2a_n + 4\ (n = 0,\ 1,\ 2,\ 3,\ \cdots\cdots)$$

を考える．$a_{n+1} - a_n = 2a_n + 4$ において，もし $a_0 = -2$ であったら，すべて $a_n = -2$ である．この -2 を用いると

$$a_{n+1} - (-2) = 3(a_n - (-2))$$

となる．よって，

$$\exists C \in \mathbb{R},\ a_n - (-2) = C \cdot 3^n\ \ \therefore\ \ a_n = C \cdot 3^n - 2$$

であり，$a_0 = 2$ であるから $C = 4$ であり，

$$a_n = 4 \cdot 3^n - 2$$

115

が得られる．

同じように考える．$f'(x) = 2f(x) + 4$ を満たす関数において，$f(x)$ が定数になるのは $f'(x) = 0$ がつねに成り立つときで，それは $f(0) = -2$ のときである．

$$f'(x) = 2(f(x) + 2) \quad \therefore \quad (f(x) + 2)' = 2(f(x) + 2)$$

であるから，

$$\exists A \in \mathbb{R}, \ f(x) + 2 = Ae^x \quad \therefore \quad f(x) = Ae^x - 2$$

であり，$f(0) = 2$ であるから $A = 4$ であり，

$$f(x) = 4 \cdot e^x - 2$$

である．漸化式から得られた一般項の形として近いものになった！

では，積分するとどうなるだろう？

$$\int_0^x f(t)\,dt = \left[4e^t - 2t\right]_0^x = 4e^x - 2x - 4$$

さらに，"消える差" を作って和を求めるには，

$$a_{n+1} - a_n = 2a_n + 4$$

の両辺を順に足していくと，

$$2\sum_{k=0}^n a_k + 4\sum_{k=0}^n 1 = \sum_{k=0}^n (a_{k+1} - a_k)$$

$$2\sum_{k=0}^n a_k + 4(n+1) = a_{n+1} - a_0$$

$$\therefore \quad \sum_{k=0}^n a_k = \frac{1}{2}\left((4 \cdot 3^{n+1} - 2) - 2 - 4(n+1)\right) = 2 \cdot 3^{n+1} - 2n - 4$$

である．まずます上記の積分と近い形になった．

＊　　　　　　　　　＊

<u>例</u>　　$a_n = n \cdot 2^{n-1}, \ f(x) = xe^x$

について考える．一般項がこのようになる数列において，

$$a_{n+1} = (n+1)2^n = n \cdot 2^n + 2^n = 2a_n + 2^n$$

である．つまり，$\{a_n\}$ は

$$a_0 = 0, \ a_{n+1} = 2a_n + 2^n \ (n = 0, 1, 2, 3, \cdots\cdots) \quad \cdots\cdots \ ①$$

で定まる．また，

$$f'(x) = xe^x + e^x = f(x) + e^x$$

である．$f(x)$ は

$$f(0) = 0, \ f'(x) = f(x) + e^x \quad \cdots\cdots \ ②$$

IV. 補講　5. 漸化式と微分方程式

で定まる．よく似た形である．

①から一般項を求めるには… $a_{n+1}=2a_n+2^n$ の両辺を 2^n で割る：

$$\frac{a_{n+1}}{2^n}=\frac{a_n}{2^{n-1}}+1,\ \frac{a_0}{2^{-1}}=0$$

$$\frac{a_n}{2^{n-1}}=n\ \therefore\ a_n=n\cdot 2^{n-1}$$

②から $f(x)$ を求めるには… $f(x)$ を移項して e^{-x} を掛ける：

$$(f'(x)-f(x))e^{-x}=1\ \ \text{i.e.}\ \ (f(x)e^{-x})'=1$$

となるから，

$$\exists C\in\mathbb{R},\ f(x)e^{-x}=x+C,\ f(0)=0\ \therefore\ f(x)=xe^x\ (C=0)$$

一手目はよく似ている．では，和と積分はどうだろう？

$$f(x)=f'(x)-e^x$$

$$\therefore\ \int_0^x f(t)\,dt=\int_0^x (f'(t)-e^t)\,dt=\left[f(t)-e^t\right]_0^x=xe^x-e^x+1$$

である．$f(x)$ が導関数 $f'(x)$ を用いて表せることにより，積分が簡単に分かる．同様に考えるなら，a_n を階差数列によって表すことを考える．

$$a_n=a_{n+1}-a_n-2^n$$

$$\therefore\ \sum_{k=0}^n a_k=\sum_{k=0}^n (a_{k+1}-a_k-2^k)=a_{n+1}-a_0-\frac{2^{n+1}-1}{2-1}$$
$$=(n+1)2^n-2^{n+1}+1=(n-1)2^n+1$$

である．結果の式もまずまず似ている．

＊　　　　　　　＊

例　　$a_0=0,\ a_1=1,\ a_{n+2}=5a_{n+1}-6a_n\ (n=0,\ 1,\ 2,\ 3,\ \cdots\cdots)$
　　　$f(0)=0,\ f'(0)=1,\ f''(x)=5f'(x)-6f(x)$

の比較をしてみよう．a_n および $f(x)$ の求め方はよく似ている．並行してやってみよう．

まず，2次方程式 $x^2=5x-6$ を解くと，解は 2, 3 である．

・$a_{n+2}-2a_{n+1}=3(a_{n+1}-2a_n)$	・$(f'(x)-2f(x))'=3(f'(x)-2f(x))$
・$a_{n+2}-3a_{n+1}=2(a_{n+1}-3a_n)$	・$(f'(x)-3f(x))'=2(f'(x)-3f(x))$
と変形して，	と変形して，
・$\exists s\in\mathbb{R},\ a_{n+1}-2a_n=s\cdot 3^n$	・$\exists A\in\mathbb{R},\ f'(x)-2f(x)=A\cdot e^{3x}$
・$\exists t\in\mathbb{R},\ a_{n+1}-3a_n=t\cdot 2^n$	・$\exists B\in\mathbb{R},\ f'(x)-3f(x)=B\cdot e^{2x}$

差をとって,
$$a_n = s \cdot 3^n - t \cdot 2^n$$
と表せる. $a_0 = 0$, $a_1 = 1$ であるから,
$$s - t = 0, \quad 3s - 2t = 1$$
$\therefore \quad s = t = 1$

よって, $a_n = 3^n - 2^n$

差をとって,
$$f(x) = A \cdot e^{3x} - B \cdot e^{2x}$$
と表せる. $f(0) = 0$, $f'(0) = 1$ であるから,
$$A - B = 0, \quad 3A - 2B = 1$$
$\therefore \quad A = B = 1$

よって, $f(x) = e^{3x} - e^{2x}$

まさに並行!

ここで, 微分方程式から Δx を用いて漸化式を作るとどうなるか, 検証しておく.
$$a_{n+1} - a_n \rightleftarrows \Delta x \cdot f'(x)$$
とし, さらに,
$$f'(x + \Delta x) - f'(x) \fallingdotseq \Delta x \cdot f''(x) \quad \therefore \quad a_{n+2} - 2a_{n+1} + a_n \rightleftarrows (\Delta x)^2 f''(x)$$
として離散化する.
$$(\Delta x)^2 f''(x) = 5(\Delta x)^2 f'(x) - 6(\Delta x)^2 f(x)$$
より,
$$a_{n+2} - 2a_{n+1} + a_n = 5\Delta x (a_{n+1} - a_n) - 6(\Delta x)^2 a_n$$
$\therefore \quad a_{n+2} = (2 + 5\Delta x) a_{n+1} - (1 + 5\Delta x + 6(\Delta x)^2) a_n$

である. 係数がちょっと変わった. ここで, 2次方程式
$$x^2 = (5\Delta x + 2)x - (6(\Delta x)^2 + 5\Delta x + 1)$$
を考えると, 何ともうまく因数分解できる.
$$(x - (1 + 2\Delta x))(x - (1 + 3\Delta x)) = 0$$
で, 解は $1 + 3\Delta x$, $1 + 2\Delta x$ である. これらを用いて
$$a_n = p(1 + 3\Delta x)^n + q(1 + 2\Delta x)^n$$
と表すことができる. さらに, $a_0 = f(0) = 0$, $a_1 = a_0 + \Delta x \cdot f'(0) = \Delta x$ として,
$$a_n = (1 + 3\Delta x)^n - (1 + 2\Delta x)^n$$
となる. $x = n \cdot \Delta x$ として $a_n = f(x)$ と書き直したら
$$f(x) = \left((1 + 3\Delta x)^{\frac{1}{3\Delta x}}\right)^{3n \cdot \Delta x} - \left((1 + 2\Delta x)^{\frac{1}{2\Delta x}}\right)^{2n \cdot \Delta x}$$
である. 特に, $\Delta x \fallingdotseq 0$ であるから,
$$f(x) = e^{3x} - e^{2x}$$
と見ることができる. つまり, "離散化" がうまくいっていると言える.

IV．補講　5．漸化式と微分方程式

ここで，変なことをやってみる．

漸化式 $a_{n+2}=5a_{n+1}-6a_n$ から一般項を求める定番の流れに反し，ぜんぜん違う流れで求めてみたい．

0 になる項があるとマズい方法なので，$a_0=0$ は無視して，$a_1=1$，$a_2=5$ から始める．

漸化式の両辺を a_{n+1} で割って

$$\frac{a_{n+2}}{a_{n+1}}=5-\frac{6a_n}{a_{n+1}}$$

と変形する．数列 $\{b_n\}$ を $b_n=\dfrac{a_{n+1}}{a_n}$ で定めると，

$$b_1=5,\ b_{n+1}=5-\frac{6}{b_n}$$

である．この漸化式について，

・数列 $\{b_n\}$ が収束するとしたら極限値はいくらか？
・数列 $\{b_n\}$ が定数列になる b_1 はいくらか？

の答えとなる数 x は

$$x=5-\frac{6}{x}\quad\therefore\quad x=2,\ 3$$

である．これらを用いて変形すると，

$$b_{n+1}-2=\frac{3(b_n-2)}{b_n},\ b_{n+1}-3=\frac{2(b_n-3)}{b_n}\quad\therefore\quad \frac{b_{n+1}-2}{b_{n+1}-3}=\frac{3}{2}\cdot\frac{b_n-2}{b_n-3}$$

が得られる．$b_1=5$ であるから，

$$\exists C\in\mathbb{R},\ \frac{b_n-2}{b_n-3}=C\left(\frac{3}{2}\right)^{n-1},\ b_1=5\quad\therefore\quad \frac{b_n-2}{b_n-3}=\left(\frac{3}{2}\right)^n\ \left(C=\frac{3}{2}\right)$$

である．整理すると

$$2^n b_n-2^{n+1}=3^n b_n-3^{n+1}\quad\therefore\quad \frac{a_{n+1}}{a_n}=b_n=\frac{3^{n+1}-2^{n+1}}{3^n-2^n}$$

となり，掛けていくと次々と消えていく形である．

$n\geqq 2$ のとき，

$$a_n=a_1\cdot\prod_{k=1}^{n-1}\frac{3^{k+1}-2^{k+1}}{3^k-2^k}=1\cdot\frac{3^2-2^2}{3-2}\cdot\frac{3^3-2^3}{3^2-2^2}\cdots\cdots\frac{3^n-2^n}{3^{n-1}-2^{n-1}}=3^n-2^n$$

であり，$3^1-2^1=1=a_1$ より $n=1$ でも成り立つ．よって，$a_n=3^n-2^n$ である．

この流れで微分方程式 $f''(x)=5f'(x)-6f(x)$ を解くこともできるだろうか？そうであれば，"自然"な方法であると言えよう．$f(x)$ で割ることになるので，$f(0)=0,\ f'(0)=1$ は無視して $f(x)>0$ であることにしよう．

$\dfrac{f'(x)}{f(x)}=g(x)$ とおく．すると

$$g'(x)=\dfrac{f''(x)f(x)-(f'(x))^2}{(f(x))^2}=\dfrac{f''(x)}{f(x)}-(g(x))^2 \quad \therefore \quad f''(x)=f(x)(g'(x)+(g(x))^2)$$

である．微分方程式に代入すると

$$f(x)(g'(x)+(g(x))^2)=5f(x)g(x)-6f(x) \quad \therefore \quad g'(x)=-(g(x))^2+5g(x)-6$$

である．最後の右辺は $(g(x)-2)(3-g(x))$ であり，左辺は $(g(x)-2)'$ と捉えることができる．そこで，$g(x)-2=h(x)$ とおくと，

$$h'(x)=h(x)(1-h(x))$$

となる．Ⅰ．微分方程式の理論の 例題 5 で登場したロジスティック方程式である．

もはや漸化式のときとはまったく違う流れになってきた．

ここからは，$k(x)=\dfrac{1}{h(x)}$ とおくのであった．整理すると

$$k'(x)=1-k(x) \quad \therefore \quad (k(x)-1)'=-(k(x)-1)$$

となって，

$$\exists C \in \mathbb{R},\ k(x)=Ce^{-x}+1$$

である．逆数をとって

$$h(x)=\dfrac{1}{Ce^{-x}+1} \quad \therefore \quad \dfrac{f'(x)}{f(x)}=g(x)=\dfrac{1}{Ce^{-x}+1}+2=\dfrac{e^x}{C+e^x}+2$$

と表せる．積分すると，$f(x)$ は，$C, D \in \mathbb{R}$ を用いて，

$$\log f(x)=\log(C+e^x)+2x+D$$

$$\therefore \quad f(x)=e^D(C+e^x)e^{2x}=se^{2x}+te^{3x}$$

とおけて，初期条件から求めることができる．

過程でロジスティック方程式が現れたことに驚いた！

＊　　　　　　　　　　＊

本書のラストテーマに突入する．ロジスティック方程式を離散化したらどうなるか？このうまく行かない様子を楽しんでいただきたい．

IV. 補講　5．漸化式と微分方程式

例　　$a_0 = a\ (0 \leq a \leq 1),\ a_{n+1} = 4a_n(1-a_n)\ (n=1,\ 2,\ 3,\ \cdots\cdots)$

これに対応する微分方程式として

$$f'(x) = 4f(x)(1-f(x)),\ 0 < f(x) < 1$$

を考えると，正の数 A を用いて

$$f(x) = \frac{1}{1 + Ae^{-4x}}$$

と表せることが分かる．右図は $A=1$ のときのグラフである．単調増加する関数で，ロジスティック関数とかシグモイド関数とか呼ばれ，正規分布によ

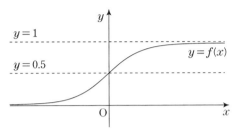

らない"確率・統計"に用いられ，人工知能のベースにある関数である．

では，上記の $\{a_n\}$ はどんな数列だろう？ $a=0$ であれば

　　　$\{a_n\}:0,\ 0,\ 0,\ 0,\ \cdots\cdots$

であるし，$a=1$ であれば

　　　$\{a_n\}:1,\ 0,\ 0,\ 0,\ \cdots\cdots$

である．$a = \dfrac{3}{4}$ であっても

　　　$\{a_n\}:\dfrac{3}{4},\ \dfrac{3}{4},\ \dfrac{3}{4},\ \dfrac{3}{4},\ \cdots\cdots$

である．定数列になる a は他には無い．これは，方程式 $a_1 = a$ から分かる．

　　　$a = 4a(1-a)$　∴　$a(4a-3)=0$

また，方程式 $a_1 = \dfrac{3}{4}$ を考えると $a = \dfrac{3}{4},\ \dfrac{1}{4}$ が得られ，$a = \dfrac{1}{4}$ のとき，

　　　$\{a_n\}:\dfrac{1}{4},\ \dfrac{3}{4},\ \dfrac{3}{4},\ \dfrac{3}{4},\ \cdots\cdots$

となる．また，$a_2 = a,\ a_1 \neq a$ となるように a をとる．周期 2 で変化する数列になる．

　　　$a = 4\{4a(1-a)\}\{1-4a(1-a)\}$

$a = 0,\ \dfrac{3}{4}$ がこれを満たすことは分かっているので，因数分解はやりやすい．

　　　$a(4a-3)(16a^2 - 20a + 5) = 0$

から，$a_2 = a,\ a_1 \neq a$ となるのは $a = \dfrac{5 \pm \sqrt{5}}{8}$ である．このとき，

$$\{a_n\}: \frac{5\pm\sqrt{5}}{8}, \frac{5\mp\sqrt{5}}{8}, \frac{5\pm\sqrt{5}}{8}, \frac{5\mp\sqrt{5}}{8}\cdots\cdots$$

特殊な初項のときは周期的になるが，実際はほとんどの場合は非周期的になる．

このように，1つの漸化式から生まれる数列たちが，初項によってまったく異なる挙動を示すような状況を，"カオス力学系"という．通常，一般項を求めるのは困難だが，

$$a_0 = a \ (0 \leq a \leq 1), \ a_{n+1} = 4a_n(1-a_n)$$

の場合は，実は一般項を求めることができるので，やってみよう！

すべての n で $0 < a_n < 1$ となるから，$a_n = \sin^2\theta_n$ となる θ_n が存在する．ここでは角度の範囲を決めずに"ルーズ"にやっていく．すると，

$$a_{n+1} = 4a_n(1-a_n) = 4\sin^2\theta_n(1-\sin^2\theta_n) = 4\sin^2\theta_n\cos^2\theta_n = \sin^2(2\theta_n)$$

となる！よって，$a = \sin^2\theta_0$ となる θ_0 を1つ決めておくと，

$$\theta_n = \theta_0 \cdot 2^n \quad \therefore \quad a_n = \sin^2(\theta_0 \cdot 2^n)$$

である．初項によって，周期的にもなりえるし，0～1を漂うこともありそうだ．

$a = 0, \ 1, \ \dfrac{3}{4}, \ \dfrac{1}{4}$ に対応する θ_0 は？また，$a = \dfrac{5\pm\sqrt{5}}{8}$ はどういう意味だろう？

$a = 0$ に対しては $\theta_0 = 0$ や $\theta_0 = \pi$ などである．確かに $a_n = \sin^2(\theta_0 \cdot 2^n)$ はすべて0である．

$a = 1$ に対しては $\theta_0 = \dfrac{\pi}{2}$ があり，$\theta_1 = \pi$ となるから，a_1 以降はすべて0である．

$a = \dfrac{3}{4}$ となるのは，$\sin\theta_0 = \pm\dfrac{\sqrt{3}}{2}$ のときで，$\theta_0 = \dfrac{\pi}{3}$ が考えられる．

$$\theta_1 = \frac{2\pi}{3}, \ \theta_2 = \frac{4\pi}{3}, \ \theta_3 = \frac{8\pi}{3}, \ \cdots\cdots$$

であるから，確かに $a_n = \dfrac{3}{4}$ である．

$a = \dfrac{1}{4}$ については，$\theta_0 = \dfrac{\pi}{6}$ としてみるとよく分かる．

では，周期2で変化した $a = \dfrac{5\pm\sqrt{5}}{8}$ はどう考えたら良いだろう？黄金比のような雰囲気がある．実は，

$$\sin^2\frac{\pi}{5} = \frac{5-\sqrt{5}}{8}, \ \sin^2\frac{2\pi}{5} = \frac{5+\sqrt{5}}{8}$$

である．正10角形の頂点の y 座標の2乗に対応する値が $\{a_n\}$ に並ぶので，確かに周期2で変化する．

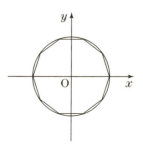

Ⅳ. 補講　5. 漸化式と微分方程式

一般的には，適当な a をとると，周期的な数列にはならず，0 と 1 の間を漂う数列になる．その様子は $y=4x(1-x)$ と $y=x$ のグラフを用いて図示できる．(a_n, a_{n+1}) と (a_n, a_n) がそれぞれのグラフ上にある．2 曲線の交点の x 座標が 0 と $\dfrac{3}{4}$ である．

左の図が一般的な場合，右の図は周期が 2 になる場合の挙動である．

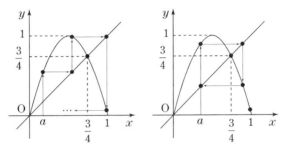

最後に，a の値ごとに a_1, a_2, a_3 の値がどうなっているかを図示することを考えてみよう．$g(x)=4x(1-x)$ とおくと，合成関数を考えて

$$a_1=g(a),\ a_2=g(a_1)=g(g(a)),\ a_3=g(g(g(a)))$$

である．順に 2 次，4 次，8 次式である．真ん中の図からは，$a_2=a$ となる $a=\dfrac{5\pm\sqrt{5}}{8}$ の場所も分かる！ $a_3=a$, $a_1\neq a$ となる a は 6 個あり，3 つずつ組になって周期をなす．

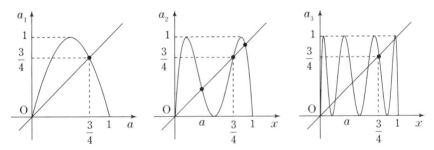

対応する微分方程式 $f'(x)=4f(x)(1-f(x))$, $0<f(x)<1$ から得られた

$$f(x)=\dfrac{1}{1+Ae^{-4x}}$$

の単純さとくらべたら，如何にカオスであるかがよく分かる．「微分方程式・関数（連続）と漸化式・数列（離散）に類異性がある」とどこまで鵜呑みにできるかは，慎重な検討が必要でもある．より整合的な離散化を考えるということも重要になろう．

こんな例を通じて，入試問題を解くのとは違う数学の一面が伝われば幸いである．

(著者)

吉田 信夫（よしだ・のぶお）

1977 年　広島で生まれる

1999 年　大阪大学理学部数学科卒業

2001 年　大阪大学大学院理学研究科数学専攻修士課程修了

2001 年より研伸館にて，2022 年からはお茶ゼミ√+（お茶の水ゼミナール）にて，主に東大・京大・医学部などを志望する中高生への大学受験数学を担当する．研伸館では，灘校の生徒を多数指導してきた．そのかたわら，雑誌「現代数学」「大学への数学」の執筆活動も精力的に行う．

著書『複素解析の神秘性』（現代数学社 2011），『ユークリッド原論を読み解く』（技術評論社 2014），『超有名進学校生の数学的発想力』（技術評論社 2018）など多数．「思考力・判断力・表現力トレーニング」シリーズ（東京出版）は代表作．

現数 Lecture Vol.3　微分方程式練習帳　例題と解法

2025 年 2 月 21 日　初版第 1 刷発行

編　集	株式会社　アップ
著　者	吉田 信夫
発行者	富田 淳
発行所	株式会社　現代数学社
	〒606-8425 京都市左京区鹿ヶ谷西寺ノ前町 1
	TEL 075 (751) 0727　FAX 075 (744) 0906
	https://www.gensu.co.jp/
装　幀	中西真一（株式会社 CANVAS）
印刷・製本	有限会社 ニシダ印刷製本

ISBN 978-4-7687-0656-5　　　　　　　　　　　　　　Printed in Japan

● 落丁・乱丁は送料小社負担でお取替え致します．
● 本書のコピー，スキャン，デジタル化等の無断複製は著作権法上での例外を除き禁じられています．本書を代行業者等の第三者に依頼してスキャンやデジタル化することは，たとえ個人や家庭内での利用であっても一切認められておりません．

ⓒ up